JN236900

カリフォルニア
ワイントピア
～極上ワイナリーへの旅～
California Winetopia

W.ブレイク・グレイ
石川 真美

訪れるたび、いつも新鮮！
大自然の中のテーマパーク

　大自然の中の大きなテーマパーク、それがカリフォルニアのワインカントリー。何といっても一番の魅力は、その美しい景観。どこまでも澄み渡る青い空、葡萄畑の描く波線の彼方、遥かに続く丘陵地帯。そこここに点在するワイナリーの姿は、おとぎ話の国みたい。

　ワイン好きはもちろんのこと、ワインが飲めなくたって楽しめちゃうのが、ここの良さ。ハリウッドやディズニーを生み出した国の、エンターテイメント精神がここにも表れているからです。数々の賞に輝く贅をこらしたワイナリーの建物、歴史を語る展示物、まるで美術館のような芸術品の数々。テイスティング・ルームには、可愛いお土産が置いてあるし、ケーブの見学ツアーで、醸造について学ぶのも一興。お腹がすいたら、緑に囲まれたピクニックテーブルでサンドイッチをほおばるのも楽しいし、一流レストランで極上料理を楽しむのも良し。日本では、ちょっとお目にかかれない風景が、ここにあります。

ワインカントリーには、もう数え切れないくらい通っているけれど、ここは毎回新しい表情を見せてくれる場所。初めて訪れるならば、ちょっと混んではいるけれどナパの中心地から始めると、ワイン初心者でも大満足間違いなし。テイスティング料金は$5ぐらいのリーズナブルなところから、有名処になると$30なんて、お高いところまで様々。でも、値段と味は必ずしも比例してないことは頭に入れておいてね。

　もう少しスローにゆったりと楽しみたい方には、ソノマがお勧め。ナパほど混み混みではないので、あたり一面に広がるのどかな田舎の風景を、心行くまで満喫できます。テイスティング料金もこちらでは無料、または$5前後のところが多いのも、ポイント高し！

　ワインの面白さって、奥の深さ。栓を開けるごとに、新しい発見がボトルから飛び出してきます。毎日ワインを開けて、人生を楽しみましょう。だって、毎日が特別な日なのですから。

石川真美

Introduction

Many places claim to make the best wine in the world. But California is easily the world's best wine country for tourists.

The reason is, frankly, because California sees wine tourism as an important business. Wineries are the state's second-largest tourist attraction after Disneyland, and some wineries have a Disney-like quality. They entertain and enlighten visitors, they sell lots of logo gear, and they charge more to taste wine than you might expect (the average is now about $10). Also like Disney, people love California wineries and keep coming back, often wearing logo goods.

But if you want something more rural, you can find that too -- wineries where the" tasting room" is a couple of barrels outside, or where the winemaker himself will pour you a glass and tell you why it tastes like it does.

It's not just the wineries that make California wine country a gourmet fantasyland. The restaurants are world-class, taking advantage of Sonoma County's amazingly good produce. You won't eat better anywhere in the U.S.

Accommodations are cozy, with small, charming B&Bs scattered throughout. Spas are another major attraction -- if you like the hot-sand baths of Ibusuki, try a mud bath in Calistoga.

The atmosphere is relaxed year-round. Want to linger over lunch for three hours? No problem.

California wine country is so pleasant that living there has become a fantasy for a huge number of Americans. Homes cost more in the heart of Napa Valley than in New York City. No wonder -- with its beautiful scenery, great food and endless amount of delicious wine, California wine country is the place to be. Enjoy your visit, and don't forget the logo goods.

W.Blake Gray

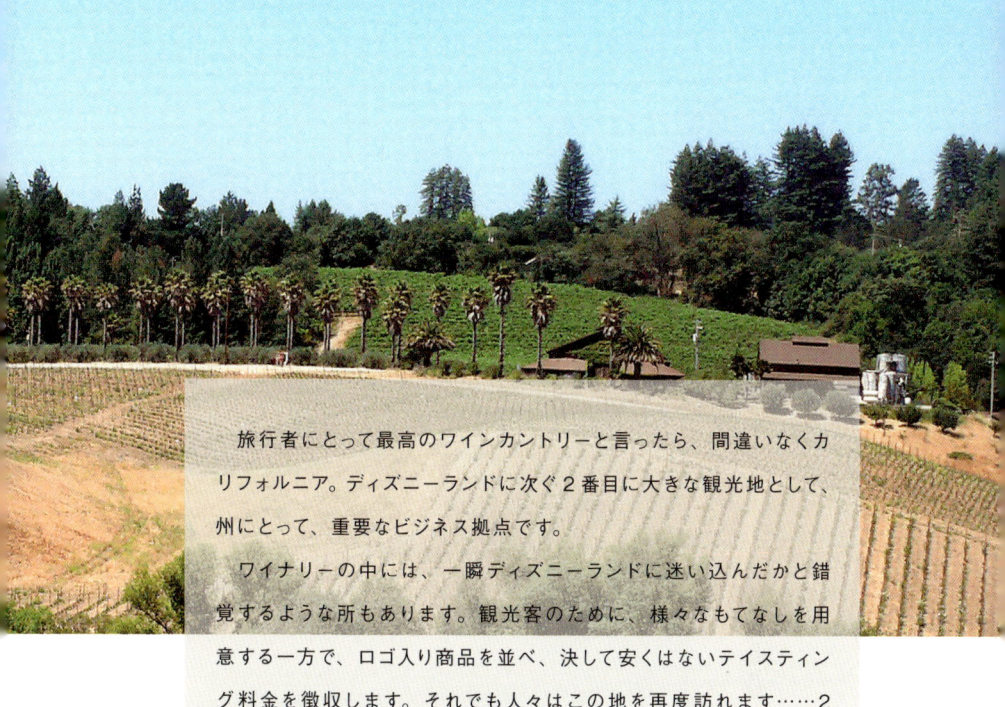

旅行者にとって最高のワインカントリーと言ったら、間違いなくカリフォルニア。ディズニーランドに次ぐ2番目に大きな観光地として、州にとって、重要なビジネス拠点です。

　ワイナリーの中には、一瞬ディズニーランドに迷い込んだかと錯覚するような所もあります。観光客のために、様々なもてなしを用意する一方で、ロゴ入り商品を並べ、決して安くはないテイスティング料金を徴収します。それでも人々はこの地を再度訪れます……2回目からはロゴ入りグッズを身につけて。

　もう少し静かに楽しみたい方の為には、葡萄畑の中にいくつかの樽が置かれただけの、簡素なテイスティング・ルームがありますし、ワインメーカー自らがグラスに注ぎながら、ご自慢のワインについて語ってくれる…そんな環境もそろっています。

　そればかりではありません、ソノマの新鮮な素材をふんだんに使った、ワールド・クラスのレストラン、チャーミングなB&B、温泉が楽しめるスパ。まさにこの地は美食家たちのファンタジーランドなのです。

　美しい風景、素晴らしい料理、酔んでも尽きない美味しいワイン。カリフォルニアのワインカントリーを楽しんで下さい。そしてロゴ・グッズを買うのをお忘れなく。

W・ブレイク・グレイ

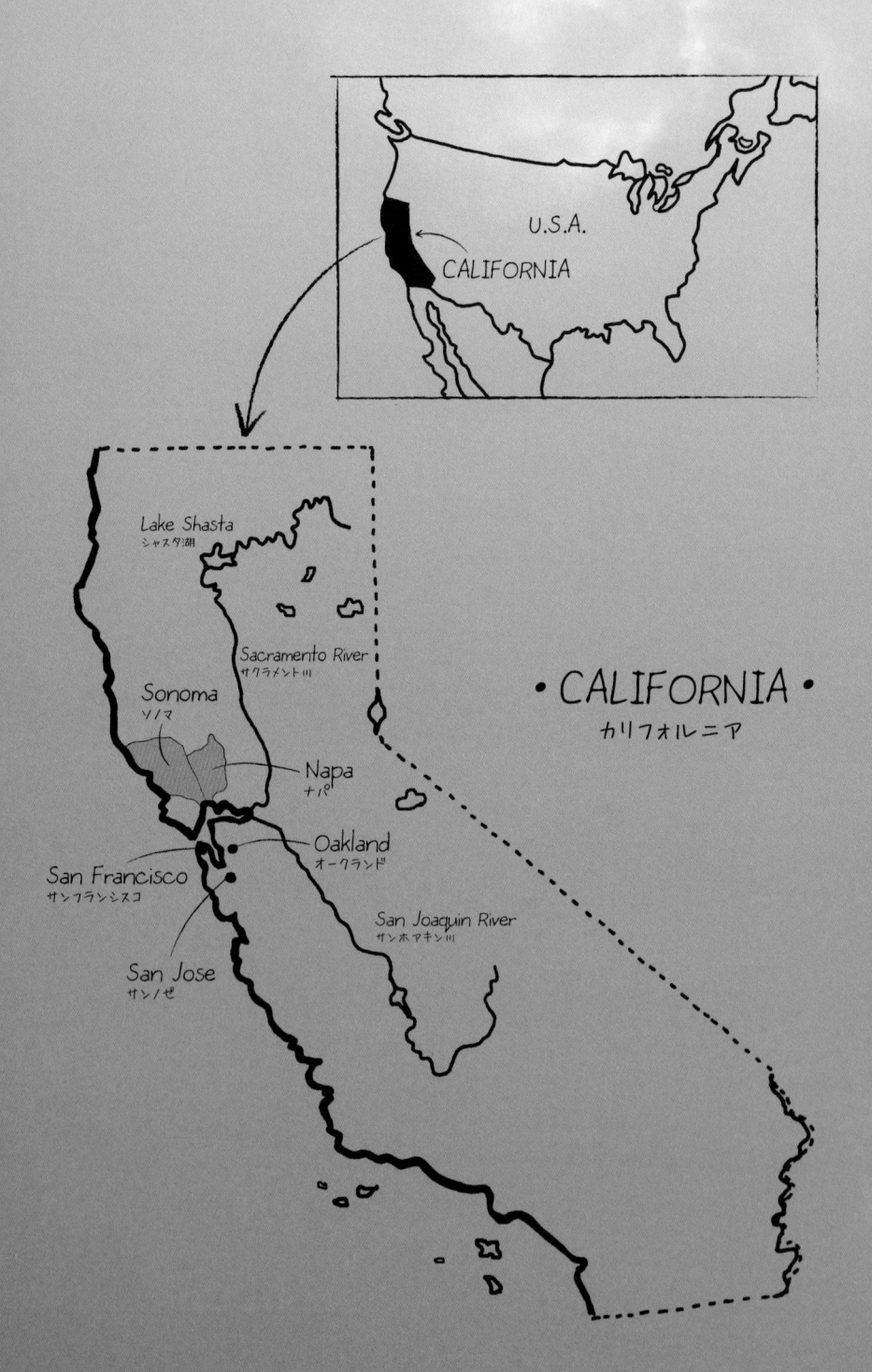

U.S.A.
CALIFORNIA

· CALIFORNIA ·
カリフォルニア

Lake Shasta
シャスタ湖

Sacramento River
サクラメント川

Sonoma
ソノマ

Napa
ナパ

Oakland
オークランド

San Francisco
サンフランシスコ

San Joaquin River
サンホアキン川

San Jose
サンノゼ

California Winetopia **Contents**

Introduction 004
はじめに

What Is California Wine Like? 009
Sec.1. カリフォルニア・ワインって、どんなワイン？

Special Wineries 045
Sec.2. とっておきのワイナリー

Sonoma Speed Picnic 084
Sec.3. ソノマ・スピード・ピクニック記

Healdsburg 092
Sec. 4. 歩いてまわれる可愛い街 ヒールズバーグ

Restaurants & Hotels 101
Sec.5. 食べるならココ！泊まるならココ！

Gateway Town: San Francisco 125
Sec.6. ゲートタウン ヒップな街サンフランシスコ

Conclusion 140
おわりに

Travel Tips 142
旅先で気を付けたい事

Aroma Card 143
付録：お役立ちアロマカード

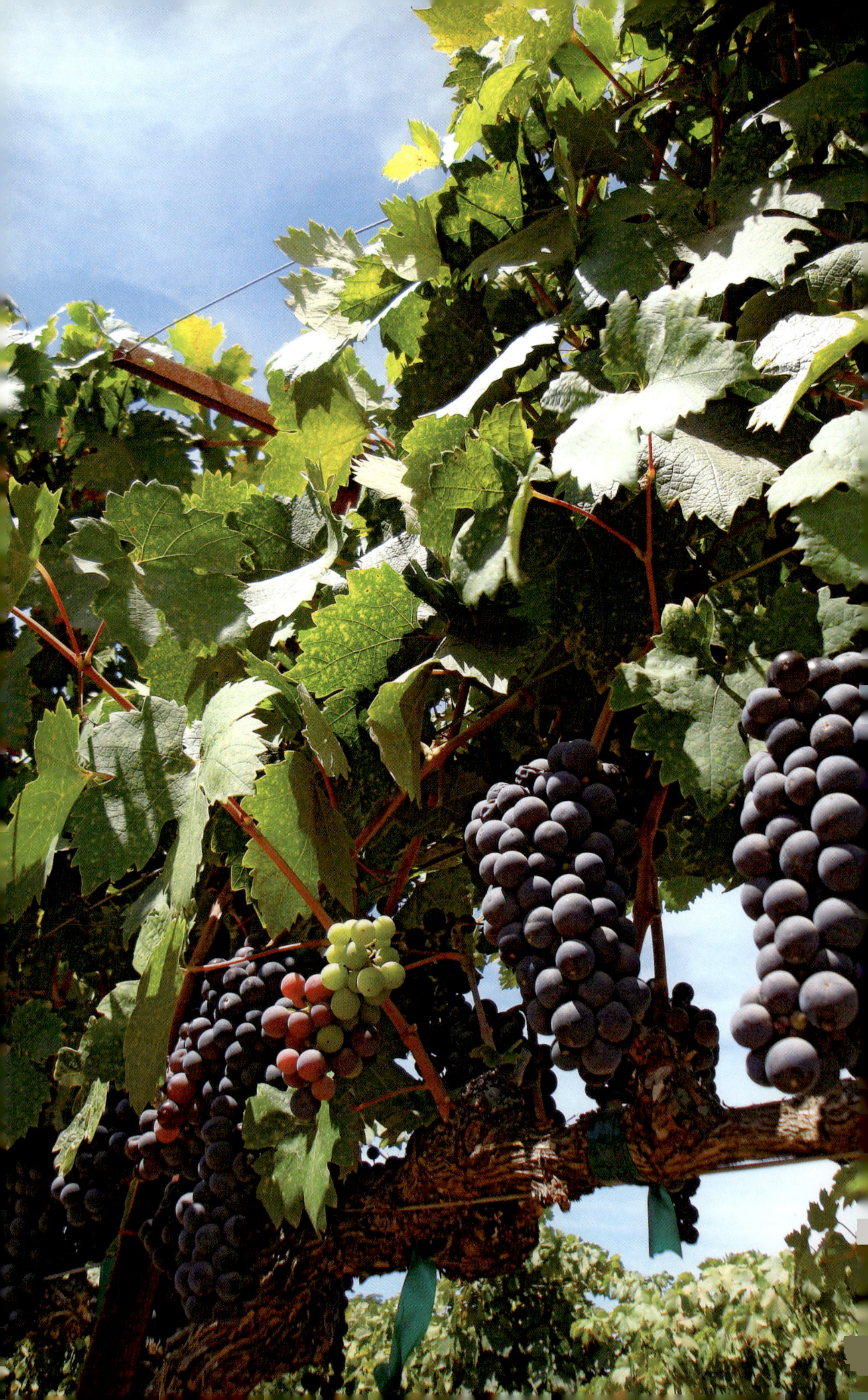

Sec.01

カリフォルニア・ワインって、どんなワイン？

豪華な食卓の華、カリフォルニア・ワイン。
力強くフルーティ、他のどの国のワインよりもパワフル。
そのパワーの秘密と、葡萄たちの横顔をご紹介します。

（ブレイク：記）

革命児 カリフォルニア・ワイン

　カリフォルニア・ワインは、ワインの世界に味覚変動をもたらした、革命児。その頂点に立つワイン達は、ヨーロッパ生まれの優れたワインに比べて引けを取らないばかりか、音量をより一層アップしたような存在感。力強く、フルーツ風味に富んでいて、他のどの国のワインよりもパワフルです。

　理由はとてもシンプル。ずばり、気候に恵まれているから。映画の製作にぴったりな気候は、そのまま葡萄の栽培にも最高。もしもNASAが宇宙で葡萄を栽培したいと思ったら、北カリフォルニアの気候をそのまま移し替えるかも。

　ではいったい葡萄にとって完璧な気候って、どんな気候だと思います？夏と秋の降雨量が少ないこと（カリフォルニアの雨季は冬）。日中暖かく、夜涼しいこと。そして日照量が多いこと。なんだかバケーションにもってこいですよね。ワインカントリーを訪れる旅行客の数は、州内ではディズニーランドの次に多いのも、なるほどと肯けます。美しい春と秋…。真夏の盛りでさえも、ただ暑いだけではなく、朝夕を霧に囲まれる、葡萄の栽培にピッタリで、ロマンチックな、涼しい場所に恵まれた土地なのです。

この気候の恩恵を受けて、カリフォルニア産の葡萄は例外なく熟成します。良く熟成した葡萄は、フルーツ風味に富んだ素晴らしいワインを造りだします。美味しいナパのカベルネは、ダーク・チェリーにチョコレートの風味。贅沢に舌に広って、あなたの味覚をセクシーに刺激してくれます。でも一方で、熟成しすぎてアルコール度が高くなってしまうのが悩みの種。葡萄の熟成に伴って、糖度も高くなり、それがアルコール度数に反映されるのです。他国のワインに比べると、２割弱ほど高いので、フレンチ・ワインと同じ調子で飲んでいたら、あれれ？酔払っている......？ってな事もあり得ます。どうぞご注意を。

　カリフォルニア・ワインは、その豪華な風味で、食卓の華となります。多くの人はカリフォルニア産のシャルドネやカベルネを、食事の共というよりも、カクテルを飲むような感覚で楽しんでいます。もしも、あなたがまだカリフォルニア・ワインをあまり飲んだことが無いとしたら、目の前に無限の楽しみが広がっています。

Cheers!

葡萄たちのプロフィール

　その昔、ワインのラベルに書かれていたのは生産地の名前。どんな品種の葡萄が使われているのかは、まったく表示されていませんでした。
　それを変えたのはカリフォルニア・ワイン。1960年代から70年代にかけて、葡萄の品種を表記し始めたのです。同じ土地で育ったカベルネとシラーよりも、まったく違う土地で生まれた2種類のシラーの方が、より味が近いですよね。土地名を記すよりも品種を記した方が合理的であると、カリフォルニアの人間は考えたのです。世界市場では、いまや葡萄の品種を表記したラベルが主流になっています。

　では、カリフォルニアの有名どころ葡萄をご紹介しましょう。それぞれの品種のところにおすすめの銘柄も載せておきますので、是非お試しを。

Cabernet Sauvignon
カベルネ・ソーヴィニョン

RED WINE
赤ワイン

おすすめ銘柄 : *Corison, Dominus, Shafer*

　カリフォルニア産の葡萄として、最も知名度の高い品種です。フランスのボルドー生まれのこの葡萄は、いまやナパを我が庭として、世界でもっとも希少価値のある、高価なワインに使われています。

　ビッグで筋骨たくましい、カベルネ。ほとんどのワイナリーやレストランで、一番高い値段がついていますし、またワイン・ディナーの席では、ドライワインの"とり"として供されます。

　カリフォルニア生まれのカベルネは、パワフルでアルコール度が高く、タンニンに富んでいます。葡萄のお好みは、日当たりが良くて暖かい場所。霧が出やすい海岸沿いの寒い土地は苦手なようです。

　最高のカベルネ葡萄は、ナパ・ヴァレーの丘陵地域、ハウエル・マウンテン（Howell Mountain）、スタッグス・リープ（Stag's Leap）や、スプリング・マウンテン（Spring Mountain）といった、サブ・アペラシオンで育ちます。州の全土でカベルネ葡萄が栽培されていて、特にソノマ・カウンティなどでは質の良いカベルネが育ちます。しかし何といっても「世界のカベルネの王者」といったら、やはりナパ・ヴァレー産でしょう。

Merlot
メルロー

おすすめ銘柄： *Pride, Robert Sinskey, Sebastiani*

　カベルネが陽（ヤン）ならば、メルローは陰（イン）。ソフトできめ細かく、女性的で、とても飲みやすいワインです。フランスに良く見られる、カベルネとメルローのブレンドは完璧なカップル、相性抜群です。

　カリフォルニアではブレンドに使われることはあまり無く、あくまでも単品種として扱われています。カベルネがタフなやつで少々の雨や寒さにはビクともしないのに対して、メルローはとても繊細。ちょっと気候が肌に合わないと、途端に成長を止めてしまいます。とっておきを堪能したかったら、気候に恵まれたナパ・ヴァレー産がお勧め。

　出来の良いメルローは素晴らしいワインですが、残念ながら一握りを除いて、その多くがちょっぴり退屈であることは否めません。事前に味見をせずにボトル買いをするのは、避けた方が無難です。

Syrah
シラー

おすすめ銘柄： *Failla, Neyers, Peay*

　シラーはカリフォルニア産の中で、最も評価されていない可愛そうな葡萄。でもそれ故に、質の良さと価格の安さで、コストパフォーマンス抜群のワインです。どんな環境にも順応するこのタフな葡萄は、涼しい所で育てば大地や黒胡椒の風味を持ち、暑い土地で育てばフルーツ風味にあふれる、変化自在のワイン。時には燻製肉のような風味も醸し出されるから驚きです。

　そんなに優れているのに、なぜ安いのでしょう？ 理由はアメリカの裕福層が、カベルネばかりに気を取られているから。彼らの多くは、味ではなくてステータスのためにワインを選びます。いわばカベルネはワイン界のシャネルのようなもの。ステータスの象徴なので、値段も高めに設定されています。一方でシラーは、まだ無名の新人デザイナーといった存在なのです。

　ソノマ、ナパ、メンドシーノ、サンタバーバラ、パソ・ロブレス……等々。優れた葡萄の産地として知られる地域では、例外なく美味しいシラーが育ちます。加えて、ヨセミテ近くのゴールド・カントリーのように、葡萄にとって魅力的とは言い難い産地でも、シラーはなかなかイケテルって事が、多々あります。夕食のお供にカベルネを頼もうかな……と思われた時に、ぜひシラーに挑戦してみてください。半分以下の値段なのに、味は"うれしい驚き"になると思いますよ。

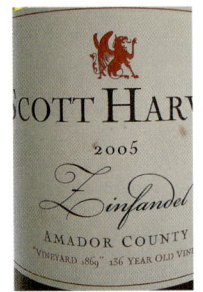

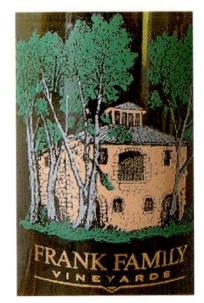

Zinfandel
ジンファンデル

おすすめ銘柄 : *Ridge, Seghesio, Sobon Estate*

　ジンファンデルは"アメリカの葡萄"とみなされています。何故なら、この葡萄から美味しいワインが出来ることを、世界で初めて発見したのがアメリカ人だからです。ビッグで、派手で、アルコール度の高いワイン…いかにもアメリカ人にピッタリでしょ！優れたジンは、ブラック・フルーツとレッド・フルーツ双方の風味に富み、複雑で荒削り、ブルーカラー的な魅力を持っています。

　ジンファンデルの故郷はクロアチア。野生の葡萄だったのを、英国人がその美しさに惹かれてイギリスに持ち帰り、温室で育てたのが始まりです。1800年代に他の装飾用の葡萄と共に海を渡って、アメリカに上陸。1849年のゴールドラッシュ辺りから、ワイン葡萄として使われるようになりました。カベルネやメルローと言った種類が、まだアメリカで普及していなかった当時、人々はこの美しい葡萄の木から美味しいワインが出来ることに、さぞやびっくりした事だと思います。

　ゴールドラッシュ時代、この品種がポピュラーになった理由の一つは、暑さにとても強いこと。今日でこそ、ロシアンリバー・ヴァレーのような涼しい場所でも美味しいジンが育つことがわかっていますが、ご存知のようにカリフォルニアの黄金は、内陸部の暑い場所に存在しました。冷凍トラックが無かったその昔、ワインの長距離輸送は至難の技、地元で調達するのが基本だったのです。アマドール郡やパソ・ロブレスといった、特に暑い地域のベスト・ワインです。

Column   no.1

ジンファンデルはカリフォルニアの人気者。

毎年サンフランシスコでは、ZAPと呼ばれるジンファンデルだけを一同に集めた、アメリカで一番大きなシングル・テイスティング祭りが、開かれています。何百ものワイナリーが持ち寄ったご自慢のボトルが、ずらりと並んだ姿は実に壮観。アルコール度が高いので、お昼ごろには皆の顔は真っ赤。プロとして、口に含んでも飲み込むことはしない僕でさえ、ZAPの後には、近くのコーヒーショップでしばらく休憩が必要なほどです。それこそ数え切れないほどのジンファンデルが楽しめる、絶好の機会です。

海外の友人に僕が贈るワインは、ジンファンデル。最もカリフォルニアらしいワインだからです。もしあなたが1本だけお土産に持ち帰るのでしたら、ジンファンデルをお勧めします。

ジンファンデル造りの第一人者
ワインメーカー キャロル・シェルトン女史
笑顔もワインもチャーミング

017

Pinot Noir
ピノ・ノアール

おすすめ銘柄： *Calera, Siduri, Testarossa*

　ピノ・ノアールは、ワインおたくが一番好む赤ワイン。僕の大好きな品種でもあります。でもあなたがブルゴーニュのファンならば、カリフォルニアのピノはショッキングかも。現在カリフォルニアでは、ピノの味が再定義されている真最中。しかしながら、僕の好む方向には進んでいないんです。

　素晴らしいピノ・ノアールは、涼しい土地で育ちますが、それ故に毎年必ず熟成するという保障はありません。例えばブルゴーニュのワインを買うのはくじ引きのようなもの。ハズレがいっぱいあります。でも当たり年のピノと言ったら！エレガント・繊細・複雑で芳醇。何物にも比べ難く、惚れ惚れとする味です。カリフォルニア産にも、そのような逸品が確実に存在します。でも残念ながら、この地の多くの場所はピノ葡萄には日照が良すぎ、暖かすぎるので、まるでシラーの親衛隊みたいなビッグなワインが育ってしまいます。悪くは無いのですが、思わずひざまずいて天に感謝したくなる…とは言えません。

　僕の好きなピノが育つのは、霧の多い涼しい地域。ロシアンリバー・ヴァレー、カーネロス、アンダーソン・ヴァレー、サンタバーバラ郡、そしてマリーン郡といった面々です。これらの場所でさえも、ちょっと育ちすぎかな…というピノが多いかもしれません。

　さて美味しいピノを選ぶコツは、アルコール度をチェックすること。アメリカでは度数の表記が義務付けられているので、ラベルの端を見て下さい。14％以下なら合格。14.5％以上だったら僕なら手を出さないでしょう。ちょっと脅かしすぎたかな？こう書いたからと言って、ピノを倦厭しないで下さいね。美味しいピノは、本当に素晴らしいワインなのですから。

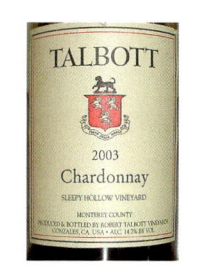

Chardonnay
シャルドネ

おすすめ銘柄： Grgich Hills, Macrostie, Sonoma-Cutrer

　カリフォルニアで一番有名な白ワインは、シャルドネ。一番値が高い白ワインであると同時に人気度も抜群で、アメリカ全土で消費されているワインの20％を占めています。でも州内にはこの巨大市場を支えられる程、シャルドネ栽培に適した土地が無いのが実情です。

　フランスでは、シャルドネ葡萄は雨の多い涼しいブルゴーニュ地方で育てられていて、ミネラル風味に富んだ繊細で上質のワインが出来上がります。一方ここでは、右を向いても左を向いてもシャルドネだらけ。殆どが自然の味というよりも、樽の醸しだすバニラとバターの風味、アメリカ人好みの甘口で化学の産物のようなスタイルです。

　もちろん例外も存在します。最高のカリフォルニア産シャルドネが、2度もフランス最高級ワインを打ち負かした歴史があります。そう、1976年のパリスの審判と2006年の再対決での勝利です。この史実からわかるように、素晴らしいシャルドネは確かに存在しています。

　大切なのは何を買うか慎重に選ぶこと。美味しいシャルドネの産地は、美味しいピノが育つ所。僕の大好きなのは、ロシアンリバー・ヴァレー。ナパのカーネロスやオーク・ノール地域でも、なかなか良いのが見つかります。これ以外なら、実際に飲んでみて自分の好みだった場合以外には、手を出さないほうが無難です。

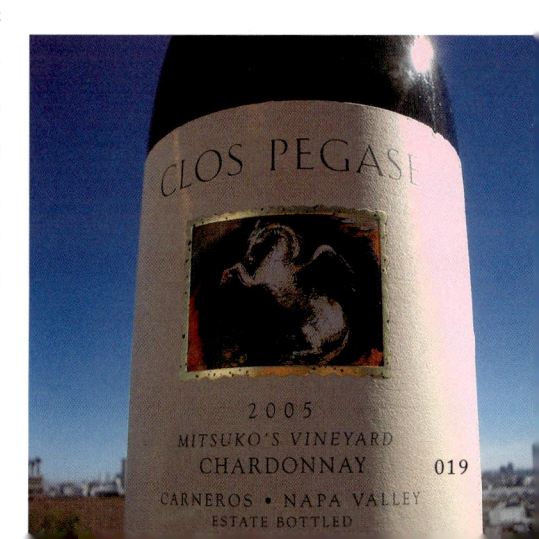

Sauvignon Blanc

ソーヴィニョン・ブラン

おすすめ銘柄： *Charles Krug, St. Supery, Two Wives*

　ソーヴィニョン・ブランはシャルドネの対極に位置するワイン。酸味が強く、料理に良く合い、価格も手ごろ。カリフォルニア産では、僕の一番好きな白ワインです。

　この品種も涼しい場所で育った方が、美味しいワインになります。でもピノやシャルドネ葡萄の方が高値で売れるため、栽培者は大抵の場合、既にどちらかを育てています。その結果、美味しいソーヴィニョン・ブランは、メンドシーノ郡、ソノマ郡のドライクリーク・ヴァレーと言った、よりいっそう涼しい土地で生まれています。

　美味しいソーヴィニョン・ブランは多数存在し、毎日飲んだって飽きないのですが、その性質柄"素晴らしい"と賞賛されることはめったにありません。もしドキドキする様なハンサムなワインを探しているのだったら、他を探したほうが賢明です。でもね、魚介類をはじめ、様々な料理のお供に、最高のワイン。だから僕は好きなんです。

Petite Sirah
プティ・シラー

OTHER WINE
その他

　名前は似ていますが、シラー（Syrah）とは縁もゆかりも無い品種。ビッグで、ストレート、そしてパワフル。おまけにあなたの歯を紫に染めてしまうワインです（すぐに取れますのでご安心を）。僕の好みからすると、ちょっとシンプルすぎて、大げさな味なのですが、このワインを造っている人々は皆、プティ・シラー大好き人間ばかり。情熱がこもっている分ハズレが少ないのです。もし興味があったら、ぜひトライして見てほしい葡萄です。

Sangiovese
サンジョベーゼ

　この種類を飲むのだったら、やはりイタリアものが一番。カリフォルニア産にもいくつか美味しいのがあるのですが、探すのが大変なので、あまりお勧めしません。

Rosé
ロゼ

　暑い日に冷えたロゼ、最高ですよね。でも南フランス産ほど美味しいロゼは、残念ながらカリフォルニアには殆んど無いのが実情。後悔しないように買う前に必ず味見をしましょう。

Sparkling wine
スパークリング・ワイン

　僕はバブリー無しには生きていけないんじゃないかと思うほど、この品種が大好きです。良く飲んでいるのはシュラムズバーグ（Schramsberg）、ドメーヌ・シャンドン（Domaine Chandon）、そしてグロリア・フェラー（Gloria Ferrer）。どれもなかなかの味なのですが、やはりシャンパンには敵いません。ワインカントリー滞在中には、バブリーをガンガン飲んで楽しんでください。でもスーツケースのスペースは、他のお土産用に空けておいたほうがいいかもしれません。

Riesling
リースリング

ドイツ産、オーストリア産を飲みましょう。

Pinot Grigio
ピノ・グリージオ

　悪くは無いのだけれど、ちょっと個性に欠けるこの品種。飲むならオレゴン州産か、フランス産がお勧め。カリフォルニア産を飲みたいと考えているならば、ソーヴィニョン・ブランにしましょう。

Viognier
ヴィオニエ

　現在、アメリカでとてもトレンディな白ワイン。フランス原産のこのワインは、美味しいものは特有のリンゴの風味を持っています。白ワインの中では特にアルコール度が高い部類なので、ボトルを開けるよりもグラスで頼んだほうが無難です。

プロが好むワイン、バブリー

　そもそもワインのプロは、討論大好きな、うるさ型の集団。最高のヴィンテージは何年とか、カベルネの最高峰は何処とか、グラスは絶対にこれ、とかね。でもこれだけは皆同意するのは"常にバブリー不足"だってこと。

　バブリーとは、スパークリング・ワインの愛称。一日中ヘビーな赤ワインを試飲した後で、軽くて爽やかなバブリーは気分をリフレッシュしてくれるというもの。殆どの料理と合うし、アルコール度が低いので、カベルネをはき出す我々プロも、バブリーは飲み込むという次第。

　人々を幸せモードにしてくれるから、ワイナリーの開く食事会は大抵スパークリング・ワインで始まるのだけれど、ここが普通と違うところかな。レストランで「まずグラスでバブリーを」と頼むと、隣から「何のお祝い？」と聞かれることがある。僕の答えは「今日は火曜日だからさ！」。別に曜日は関係ないのだけどね。皆さんにお願いしたいのは、もっとバブリーを身近に飲んで、人生を楽しんでいただきたいということです。

ラベルの読み方がわかれば、
ワインがもっと楽しくなる。

カリフォルニア・ワインのラベルを読むのは、とっても簡単。
どんな点に注意したらいいのか、テクニックをご紹介しますね。

1　まず目につくのが Logan というブランド名。大抵の場合、一番大きな文字で書かれています。でも、これはワイナリーの名前ではないので、ご注意を。下の Produced & Bottled By Robert Talbott Vineyards が生産者名。Logan というのは Talbott Vineyards のセカンド・ラベルなのです。ワイナリーを訪ねる時は、Logan では見つからないので気をつけて。

2　2006 は葡萄が収穫された年。このワインは多分 2007 年にボトリングされて、2008 年に市場に出たもの。ボトル上の数字は、収穫年だと覚えてください。

3　2番目に大きな文字 Chardonnay は、葡萄の種類です。アメリカ人は葡萄の種類でワインを選ぶので、大きく表示されています。シャルドネ葡萄が 75% 以上使われている場合だけ、シャルドネと表示されます。

4　このワインの葡萄は、モントレー郡 AVA で採れた果実。モントレーは、サンフランシスコの南にある、涼しくて風の強い海岸沿いで、美味しいシャルドネやピノ・ノアールの産地です。ここで採れた葡萄を 85% 以上使用している時だけ、Monterey County と表示されます。それ以下ですと、ただの California と表示しなければいけません。
　AVA は、American Viticulture Areas(アメリカ葡萄栽培地域)の略称。欧州と違って、ワイナリーがそこになければ、その土地の AVA 表示をできないという規則はないので、葡萄はモントレー産でもボトリングはナパ、なんてことはしょっちゅうです。

5　このボトルはシングル・ヴィンヤードのワイン。Sleepy Hollow Vineyard と書かれているので判断できます。その畑で採れた葡萄が 95% 以上使われている場合だけ、ヴィンヤード名を表記できるからです。単体の葡萄畑で採れた果実は、その土地の個性が強く出ていて、経験からいえば、例え 5% であっても他の葡萄をまぜるワイナリーは滅多にありません。
　また、Estate bottled と表示されたワインを見かけますが、それはワイナリーで育った葡萄を、ワイナリーでボトル詰めした、という意味です。

6　さて、重要なのがアルコール度数。このボトルでは 14.5%、カリフォルニア・ワインの平均的な度数です。カリフォルニアでは葡萄がよく成熟するので、フルボディ。フランス・ワインなどに比べてアルコール度が高いので、酔っぱらわないようにご注意下さい。

LOGAN

TOUTS JOURS FIDELE

2006
Chardonnay

SLEEPY HOLLOW VINEYARD

MONTEREY COUNTY

PRODUCED & BOTTLED BY ROBERT TALBOTT VINEYARDS
GONZALES, CA. USA • ALC. 14.5% BY VOL.

さあ、基本をふまえ、
別のラベルを読んでみよう!

1 可愛いおサルのラベル、パターンは同じです。違うのは Dashe というのが、ブランド名であると共に、ワイナリーの名前でもあることかな。
　Dashe はオークランドにあるワイナリーで、サンフランシスコから気軽に出かけられます。でもこのワインに使われているのはアレキサンダー・ヴァレーのジンファンデル葡萄。ソノマ郡で最も暖かい所です。ここでは多くの栽培者がカベルネ葡萄を作っていますが、ジンファンデルも美味しいのが育ちます。

2 Todd Brothers Ranch が畑の名前。シングル・ヴィンヤードで採れたジンファンデル葡萄は、その土地の個性をとってもよく現しています。ワインオタクが好むのが、シングル・ヴィンヤードのジンファンデルと、ピノ・ノアール。他の葡萄では、シングル・ヴィンヤードで採れたものか否かは、それほど重要ではありません。例えば美味しいカベルネとメルローのブレンド、カベルネ葡萄は涼しい傾斜面の畑から、メルロー葡萄は暖かい盆地から採れた、なんて場合がありますしね。

3 ラベルには old vines とありますが、これは良いサイン。年取った木は、房の数は少ないものの、その分複雑な味が葡萄に凝縮されるからです。ただし規則がないので、20歳でも100歳の木でもひとくくりに old vines と呼ばれています。樹齢を調べるのも一興です。

　写真では見えないのですが、アルコール度数は14.8％。このワイン２杯は、度数12％のシャンパン２杯半と、同じだけのアルコール量を含んでいます。アルコールのレベルはワインの質にはあまり関係しませんが、注意を払うことは必要です。だって昼ごはんと一緒に１杯飲んで、午後にテイスティングして回って、夕食にもボトルを開けようなんて考えているんだったら、結果は …。ワインカントリーめぐりの際は、水をたくさん飲みましょうね。

DASHE

2004

ZINFANDEL

TODD BROTHERS RANCH OLD VINES
ALEXANDER VALLEY

カリフォルニア・ワインの歴史

　カリフォルニアの気候は、葡萄の栽培にピッタリ。1770年代、スペインのキリスト教布教者たちはメキシコから北上してくるとすぐに、この地に葡萄を植え、宗教儀式に使うためのワインを造り始めました。

　1830年代には、穏やかな気候のロサンゼルスに、初めて商業ワイナリーが誕生します。でも、人々が本格的にワイン産業に取組み始めたのは、なんといってもゴールド・ラッシュの時代でしょう。一攫千金を夢見て西を目指してきた採掘者たちは、景気づけの飲み物を必要としました。しかし今みたいに冷蔵コンテナなんて無かった時代、ヨーロッパで造られたワインを、遥か大西洋を越え、大陸を横断して、ヒートダメージ無しに輸送するなんて、至難の業。地元のワインが活躍できる市場が、そこにあったのです。

採掘者の中には多くのイタリア人がいました。ワイン造りに少しでも造詣のあった者は、金鉱を掘るよりも、ホームメイド・ワインを売った方が良い収入になることに気づき、次々にワイン・メーカーに転身しました。こうしてイタリア系アメリカ人は、1850年代から、近年大企業が進出して来るまで、100年以上にわたってカリフォルニアのワイン界に君臨してきたのです。今日でも多くの有名なワイナリーが、セゲシオ（Seghesio）、ガロ（Gallo）、モンダビ（Mondavi）など、イタリアの家名を冠しています。

　さて、カリフォルニア・ワインが、初めて世界の注目を集めた時、それはまったく悲惨な状況の下でした。1860年代、好奇心に富んだフランスの栽培者が、アメリカ原産の葡萄を彼の地に植えてみようと思いつきました。まもなくフランス中の貴重な葡萄が、次々と伝染病に枯れていきます。原因はフィロキセラ（ブドウネアブラムシ）という寄生虫。葡萄といっしょに、アメリカ原産の寄生虫も持ち込まれてしまったのです。耐性がまったく無かったヨーロッパの葡萄は、それから20年ほどの間に、フランスを始めとしてイタリア、スペインと、壊滅的な打撃を受けます。

　このままではアメリカ産以外の葡萄は、地球上から姿を消してしまう…。何とかこの危機を救おうと考えた専門家たちは、ある時、アメリカ原産の葡萄に再注目します。折しもイングルヌック（現在のNiebaum-Coppola）のワイン2種が、1889年にパリの国際博覧会で金メダルに輝いた事に注目したのです。

Column   no.3

ヨーロッパの葡萄はなぜ生き残ったか？

　　　　　　 ┌──────┐
　　　　　　 │ 答え │　接木です。
　　　　　　 └──────┘
　　　　　　　　　↓

　フィロキセラ寄生虫は、現在でも完璧に駆除されたわけではありません。世界中の多くのヴィンヤードに、なお生き続けています。ではどうやって、ヨーロッパの葡萄は救われたのでしょうか？ 答えは接木。アメリカ葡萄の根に、ヨーロッパ葡萄を接木することで、寄生虫への耐性を得たのでした。現在、フランスのトップクラスの葡萄には、ほんの少しアメリカの血が混じっているんですね。このようにヨーロッパのワイン業界が混乱の渦中にあった1890年代、アメリカ産のワインは世界市場に参入して成功を収めたのでした。

ところで、アメリカには常に、アルコールに対する強い批判勢力が存在しました。この保守的な国で、彼らに対抗するのは至難の業。いったいどんな政治家が「飲酒を支持します！」なんて言えるでしょうか。そして1920年、アルコール飲料の製造、販売、運搬が非合法化されます。"禁酒法時代"と呼ばれる時代の始まりです。密売によりギャングが勢力を増すと共に、カナダから多くの酒が秘密裏にアメリカに持ち込まれました。結果、巨額のドルが犯罪組織に流れ、経済は崩壊。現在、禁酒法の施行はアメリカが犯した最悪の間違いの一つであったと認識されています。

　禁酒法の施行は、ワイン業界に大きな打撃をもたらしました。多くのワイナリーは門を固く閉じ、葡萄の替わりに他のフルーツを畑に植えました。そして人々は、ワインの代わりにウイスキーを愛飲し始めます。アルコール度が高く、タフな輸送に耐え、少しぐらい暑くても品質に響くことが無い…。もぐりの酒場はウイスキーに席巻されたのでした。

　1933年に禁酒法が廃止されると、まず市場に出回ったのは、13年間倉庫に打ち捨てられていたワインでした。もちろん質が良いはずは無く、ワイン市場に害は成しても利は無し。1970年代以前のクラッシク映画を見ても、夕食の席にワインは登場しませんよね。アメリカ人のライフスタイルに、ワインは組み込まれていなかったのです。

　その後1960年代に、リッジやロバート・モンダビといったパイオニア達が、綺羅星のごとく登場します。彼らは、かつてカリフォルニアで素晴らしいワインが造られていたことを知っていて、自らの手で復興させようと、立ち上がったのです。

1888年、ナパに建てられたシャトー

この歴史的なボトル、シャトー・モンテリーナのシャルドネ1974年は、世界中にカリフォルニア・ワインの実力を知らしめた。ワインメーカー、マイク・ガーギッチ氏の直筆サイン入り

カリフォルニア・ワインの開拓者
セバスチャーニ・ファミリー

今も昔も変わらないナパの風景
美しい景観は厳しい規制に守られているから

セントヘレナの収穫祭1934年

セントヘレナにある、クリスチャン・ブラザーズ・ワイナリーはナパを代表する歴史的建造物（現在はCIAグレイストーン校）

徐々に信頼を回復していったカリフォルニア・ワインに、1976年、転機が訪れます。「パリスの審判」での勝利。フランスで開かれたブラインド・テイスティングで、ボルドー、ブルゴーニュの錚々たるワインを退けて、カリフォルニア・ワインが一位の座に輝いたのです。

その後ワインカントリーに起きた変化は、劇的なものでした。田舎の農業地だったナパは、今やアメリカで最も高値の土地となり、ワイナリーの数は450以上、世界でも最高級のレストランが腕を競い合っています。りんごで有名だったソノマ郡は、一面葡萄畑へと姿を変えました。ソノマの北に位置するメンドシーノ郡は、嘗てはホップの産地でしたが、今ではそれに取って代わってワインが主な産業です。そして世界で最高位のワイン研究といえば、カリフォルニア大学デイビス校。世界各国からワインメーカーが集まり、日々研究に勤しんでいます。

嘗てはビールとカクテルを飲んでいたアメリカ人、現在では、世界で一番のワイン消費大国です。禁酒法を取りやめようと運動した勇気ある政治家たちに、現在の姿を是非見てほしいものです。彼らの為に、最高のカリフォルニア・ワインを捧げましょう。

ブレイクの

葡萄の収穫 &
セラー・ラット体験記

収穫期ともなると、ワインカントリーのあちらこちらで見かける、葡萄をいっぱいに積みこんだトラックたち。秋の風物詩です。ワイン用の葡萄は、機械で摘んだり、手で摘んだりと様々。もちろん人間の手で丁寧に摘んだ方が、熟した良い葡萄だけを集められるので、自然とワインの品質も上がり、値段も高くなるという仕組みです。葡萄の収穫作業に携わっているのは、主にメキシコからの労働者。彼らは普段はヴィンヤードの宿舎に住み、冬場の2,3ヶ月を故郷のメキシコで家族と共に過ごします。

　さて、具体的に葡萄の収穫はどのくらい大変な作業なのでしょうか？僕がSeghesio Family Vineyardsで、体を張って取材した時の体験談をご紹介しましょう。

　セゲシオは、100年以上の歴史を持つ、由緒正しいファミリー・ヴィンヤード。1日だけ葡萄収穫を体験させてほしいとお願いした所、快諾いただいたので、早速ある秋の夜、高速をぶっ飛ばして北へと向かいました。これは僕の1日ヴィンヤード体験記です。

Blake Diary

5:30am

宿舎にて起床。眠い目をこすりながら、どうにか身体をベッドから引き剥がす。朝食は卵、豆料理、トルティーヤに前日の夕食の残りの牛肉。皆、忙しく掻き込むと共に、ランチ用の弁当を器用に用意している。シャワーを浴びる者などいないので、とりあえず自分も歯磨きだけ済ませて、急いで外へ飛び出した。

6:30am

宿舎を出発。

バスを待ちながら、多くの作業員が車で畑に向かうのに驚いた。住居費が1週間で約$20と安いため、車を手に入れる費用が捻出できるそうだ。彼らの時給は$7.50-$10程。収穫期である8月の終わりから10月頃までは、個人の働き次第。その日の収穫量で賃金が決まる。たとえばジンファンデル葡萄は1箱で$1.85。もっと希少な葡萄には$1.95が支払われる。

Blake Diary

7時前

　いよいよ作業開始。自慢じゃないが、ハイエンドなジンファンデル葡萄に関する知識は、かなり豊富だと自負していた。房が密集している、均一に成熟しない、収穫できる実の大きさは…って感じでね。でもナイフを手に腰を低くかがめて、房の根元を探そうと必死になるうちに（実際かなり難しいのだ）そんな知識はどこかに吹っ飛び、ひたすら箱をいっぱいにすることだけで頭が一杯になってしまった。

　まだ熟していない緑色の葡萄、小さすぎる葡萄、乾燥した葡萄、地面に落ちていた葡萄……何でも放り込む。（僕のような初心者マークが、なりふり構わずに投げ入れた規格外の葡萄は、熟練した目と手を持つ選り分けの達人によって、取り出されるのでご安心を。）僕が箱を一杯にするのにかかった時間は15分。熟練労働者の手にかかれば、たったの5分。箱の中身を収穫トラックに投げ入れると番号が呼ばれ、記録係がそれを集計し、賃金が算出される仕組みとなっている。

Blake Diary

　2時間半の作業で、背番号44の僕の収穫高は9箱。総額$16.65、時給$6.66。熟練になると6時間で50箱ほど収穫し、総額$92.50、時給にして$15以上を稼げる計算だ。メキシコの物価からすると、高収入だ。終わった時には、引っかき傷だらけになっていた。

10時過ぎ

　お次はラットの作業に挑戦。セラー・ラット（ネズミ）と呼ばれる仕事は、住居が提供されて時給は$15程。収穫期ともなれば残業もあるが、普段は8時間勤務。カリフォルニア大学デイビス校を卒業したばかりの新人が、未来のワインメーカーを目指してこの仕事をする場合もあるし、ブドウ畑から昇格したラットもいる。

　さて、どんな作業があるかといえば、ワイナリーで一番大切なのが、一に清掃、二に清掃。ずばり清掃作業。悪いバクテリアが繁殖しないようにする為だ。まずは葡萄を搾った後、残りカスをショベルで掬い上げる作業に挑戦。ステンレス・タンクの中はメチャ暑いし、皮が醗酵して、二酸化炭素が引っきり無しに排出されるときている。万が一、酸欠で気絶した時のために、安全ベルト着用の重労働作業となる。

Blake Diary

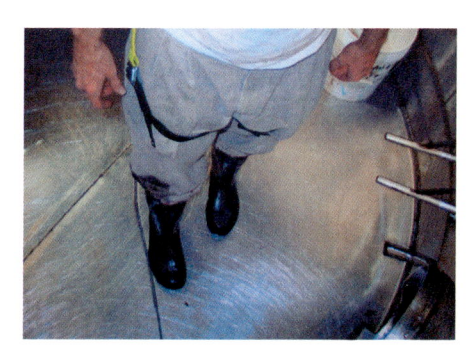

　続いては、壁面の洗い流し清掃。赤く染まったタンクの内側を見て、こんなの落ちるかいな？と思ったが、ホースの熱湯とバケツ一杯の泡で、意外や意外、奇麗になるもんだ。その後はワイナリーの屋根から、鍬（くわ）で葡萄の搾りかすを漏斗の中に落とす作業。簡単そうだが、やってみると難しい。下で作業していた責任者に降りかかってしまい、怒った彼が屋根の上まですっ飛んで来るという一幕があった。

　そしてやってきたのが、一番恐ろしかった仕事。醗酵タンクの細い淵に立ち、浮かび上がってくる葡萄の皮を下に押し返す作業。これでワインの色が濃くなり、タンニンの味が変化するのだ。安全ベルトで上から吊られているとは言え、落ちたら醗酵中のブドウジュースの真っ只中。外側に落ちても、まぁ足の骨ぐらいは折りそうである。おまけに、この暑さと来たら……。

Blake Diary

　恐怖の作業をどうにかこなした後は、ようやくランチタイム。しかし愉しい時は、つかの間……。ボランティアが、作ってくれたパスタを慌ててかっ込んで、あっという間に終了。再び仕事場へ。

　今度はタンクの下から流れ出すワインを、ホースで上に還元する作業。これもワインを皮に触れさせ、色と味を出す為の作業の一つ。こいつは至極簡単で、すぐにマスターできた。思うに僕は、"ホースの達人"かもしれない。

　難しい技術書を読んだ方は、ブレンドの割合とか高度な技術がワインを造り出すとお思いでしょうが、糖分をアルコールに変化させるワイン造りは、全てイースト菌の為せる技。葡萄をバケツに入れておけば、空中のイーストが自然にワインにしてくれる……という次第。

Blake Diary

4:45 pm

　長かった一日が、ようやく終了。この時点でワイナリーの中は、至る所葡萄だらけ。葡萄の皮や種がくっついていない所は無いくらいの有様。もちろん僕自身も、全身紫色に染まっておりました。

　重労働をこなした後の報酬は、セゲシオー家との夕食会。シャワーで葡萄カスを洗い流すと、一転して記者業に戻った僕は、素晴らしい夕食会に招かれ、団欒のひと時。美味しいワインと自家製ソーセージを堪能して、明日への鋭気を養ったのでした。

" Still, if that was a day of honest work, I'm sticking to the dishonest type."

　結論。自分にはワインを造るよりも、ワインを飲んで記事を書いている方が向いているみたいです。

"Mmm, blackberry... or it is mulberry?"

アメリカのカルトワイン

　アメリカのカルトワインは、優れたマーケティング戦略の賜物。今やカリフォルニアで最高値のワインは、フランスの高級ワインに勝るとも劣らない値段で取引されています。これらの殆どはナパ・ヴァレーの小さなロットで採れたカベルネ・ソーヴィニョン葡萄から造られていて、生産量はわずかに300〜500ケースのみ。限定版ビーンバッグ人形の奪い合いから、店で取っ組み合いを演じる両親がいるように、ワインもリッチなアメリカ人が手に入れたがる、ご近所への自慢アイテムの一つというわけです。

　これまで様々なカルトワインを飲む機会がありましたが、味はどれも大体似ていて、極度に熟してリッチ。食事のお供に飲むのではなく、あくまでもワインだけを楽しむ(又は崇め奉る)ために造られています。もちろん中には素晴らしい出来映えのものがあります。でもね、正直な所「まぁ良いワインだよね。でもこの間飲んだのは同じぐらい美味しくて、もっと安かったな」なんて思ってしまう場合が、半分ぐらいの確率であります。殆どは、メーリング・リストの顧客にのみ販売されています。ハーラン・エステートのように、日本に送ってくれるワイナリーもあるので、長い待ち時間を覚悟の上で、Eメールを送ってみるのも手かもしれません。

　忘れないでほしいのは、カルトワインを定める法律なんて無い事。ナパのど真ん中に"我々はカルトワインの中心です"なんて、銘打ったテイスティングルームがありますが、安易なマーケティングのなせる技。踊らされないように、ご注意を。貴重な休日を、カルトワイン探しに使うのは時間の無駄。どうせ$500使うのなら、本当に美味しいワインを10本買う方が、断然お得です。

え？ どうしてもカルトワインを飲んでみたいですか。では、あなたの為に、いくつか方法をお教えしましょう。

ナパの高級レストランでは、大抵カルトワインをリストに載せています。高級であれば、ある程、コレクションも豊富。店で買うよりも安く飲める場合が多々ありますし、理想的な状態で保存されている事が期待できます。

セントヘレナ・ワイン・センターをチェックしてみましょう。大抵、数本ほど見つかります。

1321 Main Street, downtown St. Helena　Phone : (707) 963-1313

ロサンゼルスにある Twenty Twenty Wine Merchants では、カルトワインを数多く扱っています。日本へも送ってくれるので、オンラインか電話でチェックしてみましょう。

www.2020wines.com　Phone : (310) 447-2020

ブレイクがそっと教える
ワインライターの日常
ワインとの付き合い方 編

　時々人は、怪訝な顔で僕を見る。レストランでワインをボトル半分も残すなんて、多くの人にとって、信じられない事らしい。$50のワインを頼んでおきながら全部飲まないなんて、もったいないってね。でも、専門家にとってはいつもの事。色々な味を見たくて、つい飲み切れないほど頼んでしまうんだ。大抵の場合、どのワインが好きだったかすぐ分かるけれど、僕はこれを"空き瓶テスト"と呼んでいる。大きな味のワインは味覚を疲れさせるので、1杯で充分。片や、バランスがとれて控え目な白ワインは、大抵の場合、高価な赤ワインを尻目に、食事が終わる頃には空き瓶となっている。

　職業柄、「酔い」とは切っても切れない仲。「ちょっとの酔い」は僕の好きな感覚、家路につきながら小唄を歌ったりとか、野球について熱論を繰り広げたりとかね。でも「酔っ払い」は大嫌い、酔いつぶれたり、コントロールを失くしたりとか、サイテー！

　僕みたいに始終アルコールと付き合っていると、自然、いつ止め時かが分かる。そんな時は、値段にこだわらず、それ以上は飲まないことにしている。二日酔いって最悪だよね。僕の場合、とにかく水分補給が基本。食事の間も寝る前も、水を沢山飲む、すると95%ぐらいは回避できるよ。それでも年に4、5回ほど、二日酔いになってしまう事がある。夕食のワインのせいじゃなくて、その後に飲む酒が原因でね。先日、3人のワイン専門家たちと4本のボトルを殆んど空にした処へ、レストランのオーナーがヴィンテージもののアルマニャックを持ってきた。82年物。美味しく頂戴したんだけれど、翌日は…。日本でのカラオケも危険。酔うほど上手に聞こえるんで、ついついウイスキーを飲みすぎちゃうんだよね。これも、ワインや日本酒を夕食に飲んだ後の話。翌日の頭痛ときたら…。でもエルビス・プレスリーみたいに歌えるからいいかな。まぁ、そう言ってくれた友人たちも、めいっぱい飲んでいたのだけどね。

Sec.02

とっておきのワイナリー

サンフランシスコから北上すること1時間あまり。
しばらく平原を走っていると、
いつの間にか丘陵地域に入り込む。
ふと気がつくと、道の両サイドに広がるのはヴィンヤード。

深く濃い青空と、どこまでも続く葡萄畑。
痛いぐらいに降りそそぐ陽の光は
葡萄の姿をくっきりと鮮明に映し出している。
ここから先は、ワインカントリー。

（ブレイク：記）

ワイナリーへの行き方

　サンフランシスコのおよそ60マイル（100km）北に位置する、ワインカントリー。日本ならば電車やバスを使ってあちこち行けるのですが、自動車大国のアメリカでは、残念ながら日本のように便利な公共の交通手段が発達していません。自分の好きなワイナリーを自由気ままに満喫するには、やはりレンタカーがお勧めです。

　アメリカ人の一般的な旅行のスタイルは、飛行機で最寄りの空港に行き、そこからはレンタカーを借りて自由に動き回るというパターン。レンタル料も日本に比べて驚くほど安く上がります。外国で運転なんて、と思われるかもしれませんが、日本で運転できるならば、そんじょそこらのアメリカ人よりも運転上手の可能性大です。

　とは言っても、やはりレンタカーは自信がないので公共の交通手段を使って行きたいという方は、いくつか選択肢があります。

SFO レンタカー情報

San Francisco International Airport - Rental car agencies
http://www.flysfo.com/web/page/tofrom/rental-cars/rc-agencies/

NAPA方面

　サンフランシスコ国際空港とナパ・ヴァレー間を往復しているシャトルバス、エヴァンズ・エアポート・サービスが、1日9本（週末は8本）のバスを運行しています。ほぼ2時間毎に空港を出発、1時間45分ほどでナパに到着します。

　ナパ到着後は、地元ツアーを使ってのワイナリーめぐりがお勧め。手頃な料金のツアーから、豪華リムジンを貸切で巡るオリジナル・ツアーまで、選び方は様々。時間がある方はVINEというシャトルバスが、ナパのVallejoとソノマのSanta Rosa間を結んでいるので、29号線沿いを見て回れます。

　健康志向の方は、自転車でワインカントリー探索という手もあります。風光明媚なブドウ畑の中を、お日様を浴びながらツーリングすれば、気分は最高。貸自転車屋によっては、テイスティング代がタダになったり、買ったワインのピックアップ・サービスがあります。ただし日差しが半端じゃなく強いのでご注意。アップダウンも激しいので、水分補給を常に心がけて、体力と相談しながらルートを選んでください。

Evans Airport Service
http://evanstransportation.com/

Napa Car Free
http://napacarfree.net-flow.com/tours.htm

VINE
http://www.nctpa.net/vine.cfm

Bicycling Wine Country
http://napacarfree.net-flow.com/bikes.htm#tours

Sonoma 方面

サンフランシスコの中心部から一日18本程度、ゴールデンゲート・トランジット社のバスが出ています。ソノマ郡の中心地 Santa Rosa までは、Route 80 で3時間弱。そこから先は、ソノマ・カウンティ・トランジットというバス会社が、南北に展開しています。

Golden Gate Transit （バス・スケジュール）
http://goldengatetransit.org/schedules/pages/Bus-Schedules.php

Sonoma County Transit
http://www.sctransit.com/

サンフランシスコから1日ツアー

旅の中心はサンフランシスコ、でもワインカントリーにもちょっと足を伸ばしたい方には、1日たっぷりかけて、ワインカントリーを巡るツアーがあります。空港、宿泊先のコンセルジュやパンフレット、インターネット情報を賢く活用して下さい。日本語によるツアーもあります。

プライベート・テイスティングについて。

　交通渋滞を緩和するために、ナパでは新設のテイスティング・ルームではパブリックツアーが禁止されています。そこで登場したのが「アポイントによるプライベート・テイスティングシステム」。予約を取らなきゃいけないなんて、一見敷居が高そうですが、裏にはナパの環境を守るために、こんな事情があるんですね。もちろん早めに予約を取るに越したことはないのですが、当日でも大丈夫な所が多いので、どんどん電話してアポを取ってくださいね。

Napa Valley

ここに挙げたワイナリーは、
評価の高いワインを毎年コンスタントに造りだし、
なおかつ、独創的で味のある、
いずれもお勧めの場所ばかり。

旅の用意はよろしいですか？
それでは、バッカスの神に会いに行きましょう！

NAPA VALLEY
ナパ・ヴァレー

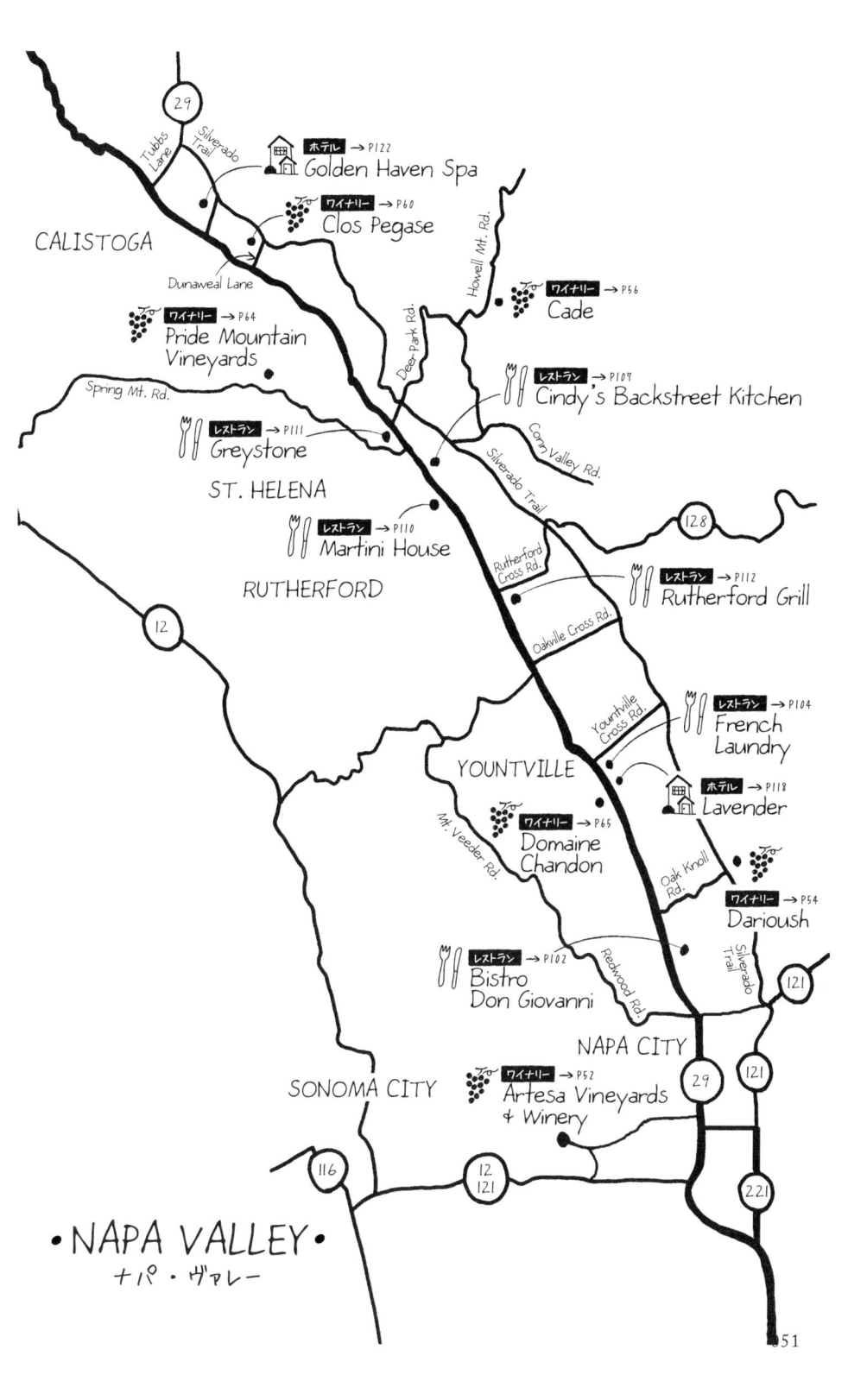

- ホテル →P122 **Golden Haven Spa**
- ワイナリー →P60 **Clos Pegase**
- ワイナリー →P56 **Cade**
- ワイナリー →P64 **Pride Mountain Vineyards**
- レストラン →P109 **Cindy's Backstreet Kitchen**
- レストラン →P111 **Greystone**
- レストラン →P110 **Martini House**
- レストラン →P112 **Rutherford Grill**
- レストラン →P104 **French Laundry**
- ホテル →P118 **Lavender**
- ワイナリー →P65 **Domaine Chandon**
- ワイナリー →P54 **Darioush**
- レストラン →P102 **Bistro Don Giovanni**
- ワイナリー →P52 **Artesa Vineyards & Winery**

CALISTOGA — ST. HELENA — RUTHERFORD — YOUNTVILLE — NAPA CITY — SONOMA CITY

幕開けはここ！ 高台にある、お伽の国のワイナリー

Artesa Vineyards & Winery
アルテッサ・ヴィンヤーズ & ワイナリー

map : Napa Valley P051

Add : 1345 Henry Road, Napa, CA 94559
Phone : (707) 224-1668
Open daily : 10 am - 5 pm
Web : http://artesawinery.com/

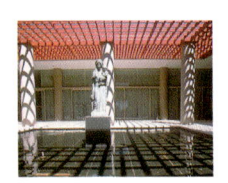

　幕開けにまず訪れたいのはスタイリッシュなワイナリー、アルテッサ。ナパでも南端に位置しているので、サンフランシスコからの順路としては、とっても便利。オーナーはスペイン人、そしてアシスタント・ワインメーカーとして、日本人の中村倫久氏が活躍するワイナリーです。中村氏は東京出身、ホテルの経理という前身から、ワインに魅かれて UC デイビス校を卒業後ワイン業界に身を投じた、カリフォルニアでは数少ない日本人ワインメーカーです。

　よく晴れた日にエントランスから一望できるサンフランシスコ湾は、絶景。階段を登り、美しい鏡のような噴水エリアを通り抜けて、シックなテイスティング・ルームに入っていくと、そこはまるで別世界のよう。ピノ・ノアールとメルローを飲んでみて下さい、中村氏の言う「化粧っけのない美しいワイン」が実感できるはず。選び抜かれた葡萄の味が、そのままワインに再現されています。

青空を映してスカイブルーに輝く噴水エリアを抜け、
ワイナリーへと足を踏み入れると、そこは別世界。

エントランスから見渡すナパの丘陵は、素晴らしい景観。晴れた日にはサンフランシスコ湾も一望できます。

華やかで魅惑的 ナパに登場した古代遺跡

Darioush
ダリオッシュ

map : Napa Valley P051

Add ： 4240 Silverado Trail, Napa, CA 94558
Phone ： (707) 257-2345
Open daily ： 10:30 am - 5 pm
Web ： http://www.darioush.com/

　ダリオッシュの創設者は、南カリフォルニアのグロサリー店の経営で成功を収めたイラン系移民。彼は巨大な資金を投入して、古代ペルシャの首都ペルセポリスを思わせるワイナリーを、ナパの地に出現させました。目を見張るような豪華で贅を尽くしたエキゾチックな建物の中は、一転して超モダンなインテリア。テイスティング料は、けっして安くはないのですが、訪れる価値は充分です。

　外観にまけず、ワインもなかなかのお味。特に素晴らしいのは、そして値段も素晴らしいのは、カベルネ・ソーヴィニヨン。要チェックです。カメラをお忘れなく！

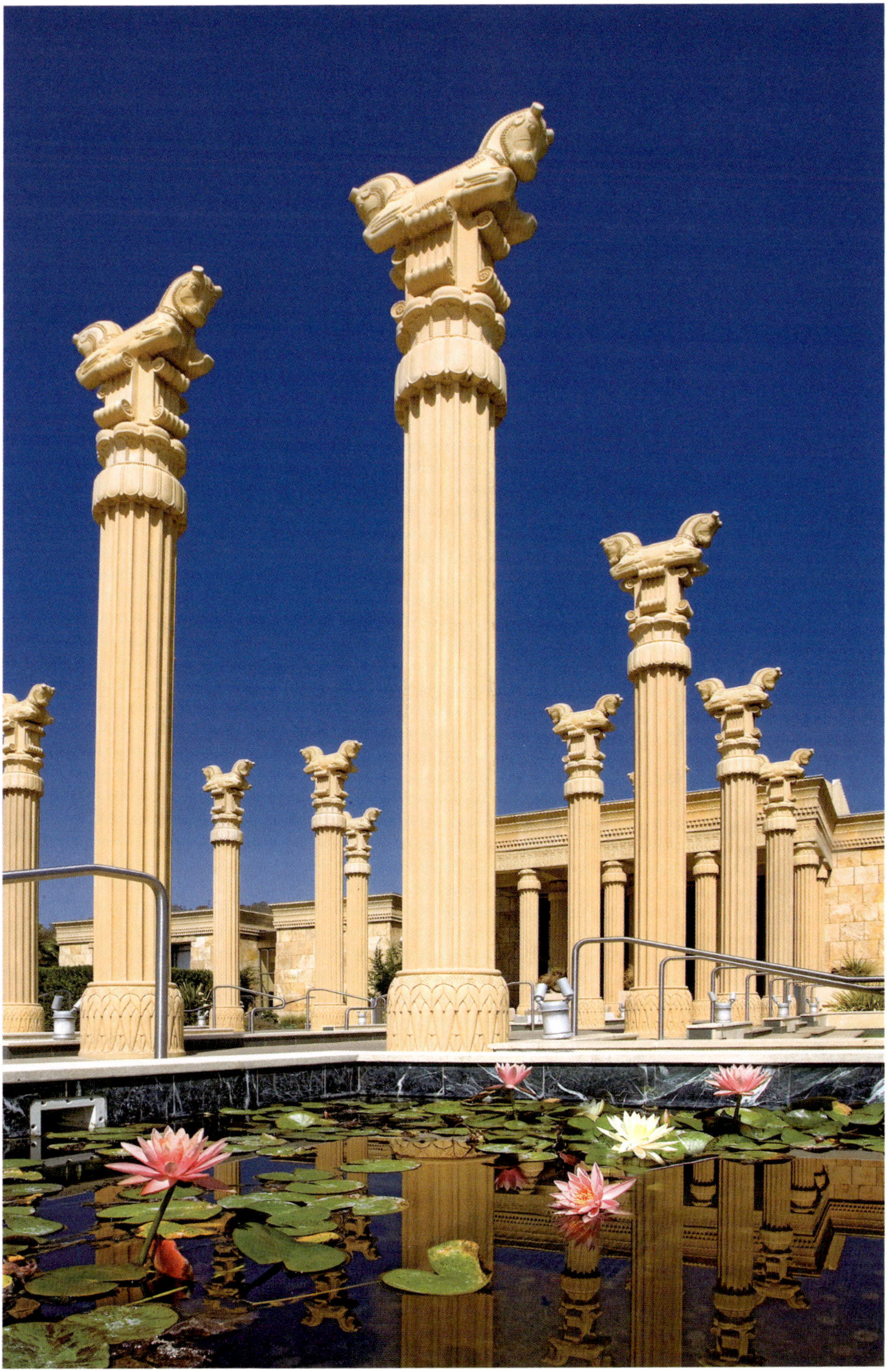

ナパの展望を独り占め 幻想的なケーブを体験しちゃおう

Cade Winery
ケード・ワイナリー

map : Napa Valley P051

Add ： 360 Howell Mountain Road South, Angwin CA, 94508
Phone ： (707) 965-2746
Open daily ： 予約制
Web ： http://www.cadewinery.com/cade/

　ナパ・ヴァレーを代表する、素晴らしい葡萄が栽培されるハウエル・マウンテンに、2009年新しく登場したケード・ワイナリー。サンフランシスコのギャビン・ニューサム市長がオーナーの1人とあって、スタイリッシュなワイナリーは環境にやさしいデザイン。そして何よりも、眼下に広がるナパ・ヴァレーの景色は、四季を通じて圧巻です。

　特に注目してほしいのは、とても洗練された芸術的で機能的な、ワイン作りの心臓部。ぜひツアーに参加してみてください。山をくり抜いてできたケーブでは、天井をクモの巣のように彩る照明が、あなたを幻想的な世界に導いてくれます。ツアーの後は、くつろげるラウンジ＆テイスティング・ルームで、葡萄畑を見下ろしながら、山育ちのカベルネを堪能して下さい。

山の側面を繰り抜いたケーブ。一年を通して、常にワインを一定温度に保ちます。

注目！ハウエル・マウンテン

ハウエル・マウンテンは長い間、ナパ・ヴァレーの中でも寂れた場所でした。素晴らしい葡萄は昔から育っていたのですが、この地区のワイナリーはいずれも小さくて、公に門を開いていなかったのです。何故って？理由のひとつは、酒類を飲むことを善しとしない某宗教団体が、一帯の大地主だから。触らぬ神に祟りなし…ということで、周辺ワイナリーは、このご近所と軋轢を起こさないように身を潜めていたのです。

そこに華々しく登場したのがケード・ワイナリー。オーナーであるギャビン・ニューサムSF市長は、持前の政治手腕を発揮して、テイスティング・ルームを開設し、広く一般の人々が楽しめるようにしたのです。ケードを訪ねる道中、ナパのもう一つの表情、田舎風の景観を楽しむことができます。でも、くれぐれも、山を下る時にワインボトルをこれ見よがしに振り回したりしないで下さいね。

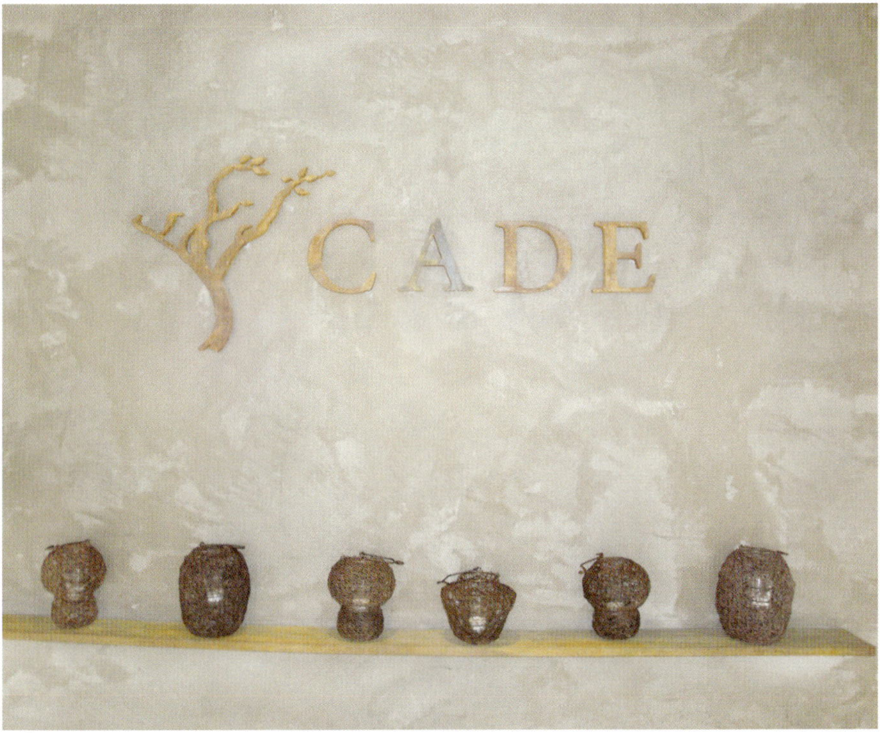
CADE

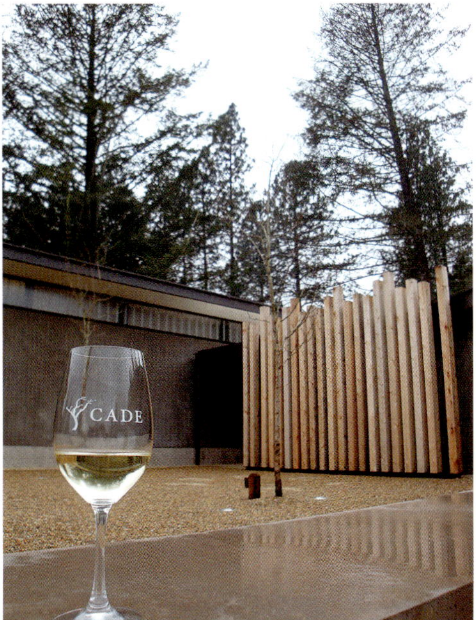
CADE

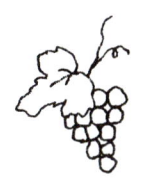

バッカスに会いに行こうよ　大自然とアートが融合したワイナリー

Clos Pegase
クロ・ペガス

map : Napa Valley P051

Add ： 1060 Dunaweal Lane, Calistoga, CA 94515
Phone ： (707) 942-4981
Open daily ： 10:30 am - 5 pm
Web ： http://www.clospegase.com/

　自らの名を冠したヴィンヤードを持つ…ワイン好きの女性にとっては憧れですよね。クロ・ペガスのミツコ・ヴィンヤードの名は、アーティストであり、デザイナーである、ミツコ夫人の名から来ています。

　オーナーであるヤンとミツコは、日本の出版業で成功を収め、カリストーガの地にアート・コンシャスなワイナリーを設立しました。ヤンが特に気に入って集めているのは、ギリシャの葡萄酒の神バッカスをモチーフにした芸術作品。ワイナリーの敷地内で、いったい何個見つかるか探してみるのも楽しいかも。また、A Giant Thumbと呼ばれる芸術品は、ナパ・ヴァレーで最もフォトジェニックなスポットに選ばれた場所。あなたもアートな写真に挑戦してみる？個人的に大好きなのは、バッカスが怒った顔。若い女性が彼のワインを盗もうとしているのを見つけて、怒っている彫像なのです。

　クロ・ペガスでは美味しい赤ワインを造っていますが、何といっても白ワインが特別。ミツコ・ヴィンヤードのソーヴィニョン・ブランとシャルドネの味見を、お忘れなく！

ミツコ・ヴィンヤードのシャルドネは、小泉元総理大臣が訪米した際、ホワイトハウスの公式晩餐会で饗されたワイン

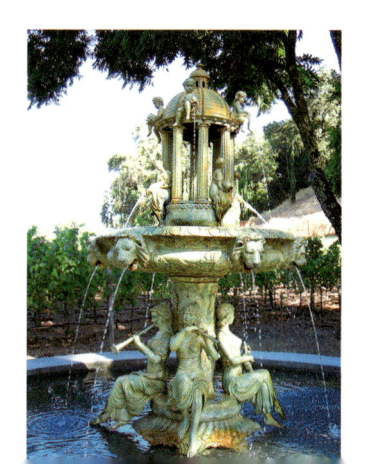

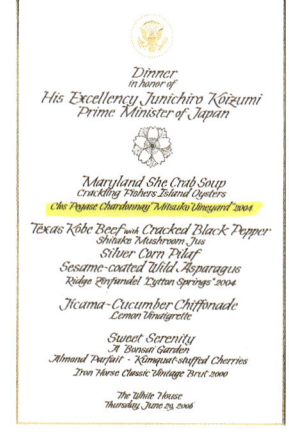

Dinner
in honor of
His Excellency Junichiro Koizumi
Prime Minister of Japan

Maryland She Crab Soup
Crackling Fishers Island Oysters
Clos Pegase Chardonnay "Mitsuko Vineyard" 2004

Texas Kobe Beef with Cracked Black Pepper
Shiitake Mushroom Jus
Silver Corn Pilaf
Sesame-coated Wild Asparagus
Ridge Zinfandel Lytton Springs 2004

Jicama-Cucumber Chiffonade
Lemon Vinaigrette

Sweet Serenity
A Bonsai Garden
Almond Parfait · Kumquat-stuffed Cherries
Iron Horse Classic Vintage Brut 2000

The White House
Thursday, June 29, 2006

> クロ・ペガスワイナリーは
> 芸術作品がいっぱい!!
> **この中でお酒の神様
> バッカスモチーフを探せ!!**
> BACCHUS

敷地内にはいろんな芸術品が。さて、A〜Eのうち、バッカス像はどれ?
前述の怒った顔のバッカス、実際に訪れ是非みて下さいね。

A

B

C

D

E

答え:A、C、Dそしてもページの像がバッカスです。Cの左の女性が後ろ手に握っているのはワイングラス。それぞ首にかけて繋がっているバッカスその物の顔がものなのです。

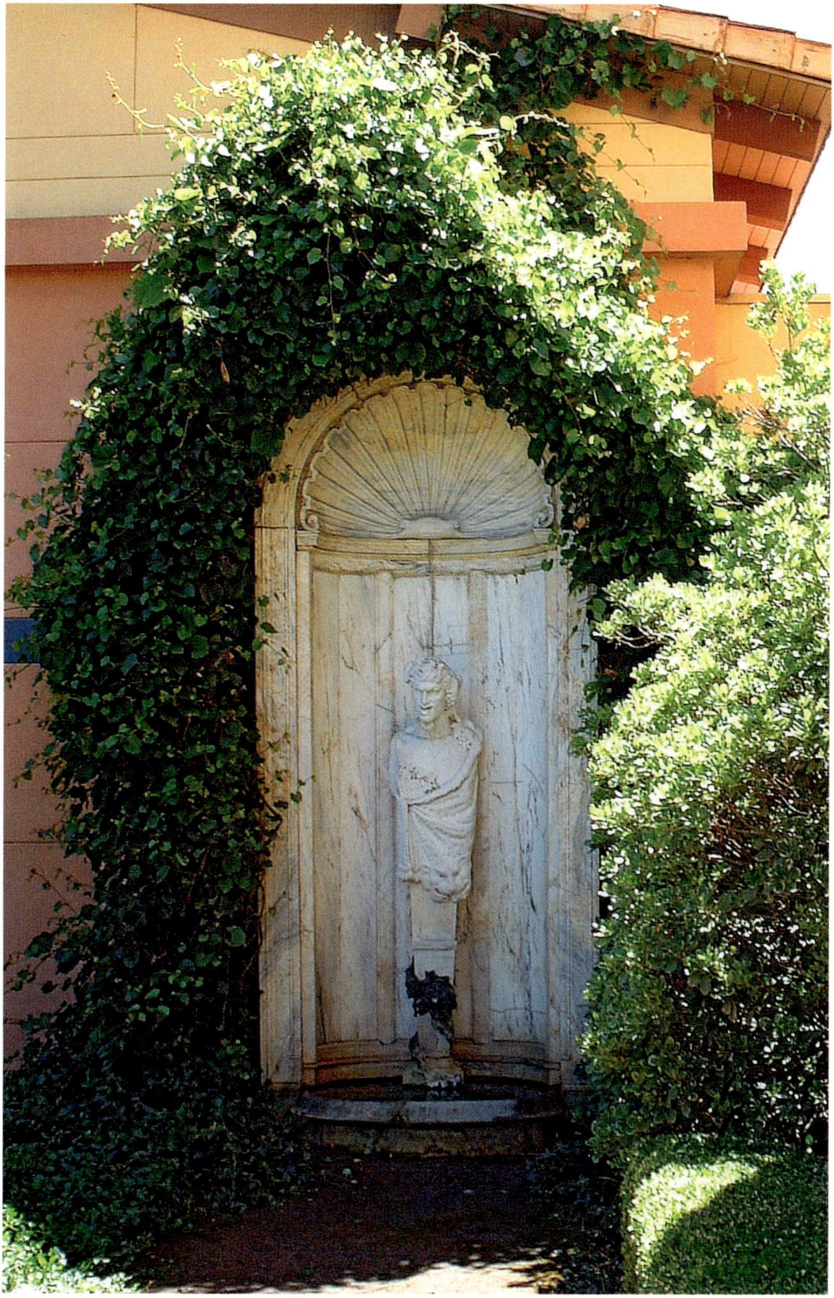

標高2,000フィート 山育ちの逸品メルローを楽しもう

Pride Mountain Vineyards
プライド・マウンテン・ヴィンヤーズ

map : Napa Valley P051

Add ： 4026 Spring Mountain Road, St. Helena, CA 94574
Phone ： (707) 963-4949
Open daily ： 予約制
Web ： http://www.pridewines.com/content/default.asp

　ハイウェイ29からちょっとはずれて、スプリング・マウンテンのクネクネ道を進んでいくと、葡萄畑が連なる丘の上に建っているのがプライド・マウンテン・ヴィンヤーズ。ちょうどナパとソノマの境界線上に位置しています。

　どっしりとしたドアを開けて、ひんやりしたテイスティング・ルームに入っていくと、ワインの芳香が鼻腔をくすぐります。山育ちのワイン達は、どれもこれも素晴らしい逸品ぞろい。特にメルローとカベルネ・フランが有名ですが、見逃せないのが、ヴィオニエ。

　ここのピクニック・スポットから一望する眺めは、息をのむばかり。ナパとソノマの両方が見渡せる、贅沢なとっておきの場所です。葡萄畑を渡るさわやかな風に、頬を吹かれながらほおばるサンドイッチは、きっとお味も格別。日頃のストレスなんか、どこかに飛んじゃいそうですよね。ランチ用の食料調達には、セント・ヘレナの街が最適です。

豪華な庭園、洗練レストランで、優雅なひとときを満喫

Domaine Chandon
ドメーヌ・シャンドン

map : Napa Valley P051

Add ： 1 California Drive, Yountville, CA 94599
Phone ： (707) 944-2280   Visitor Center
Open daily ： Mon-Thu 10 am - 6 am / Fri-Sun 10 am - 7 pm
Web ： http://www.chandon.com/web/homepage.cfm

　緑のヴィンヤードに囲まれた美しいドメーヌ・シャンドンは、ナパでも数少ない、敷地内にレストランを併せ持つワイナリー。(現在では併設の許可が、なかなか下りないのです) ちょっと豪華なランチを楽しみたい時に、絶好の場所。暑い日に冷えたスパークリングで喉を潤せば、気分はリフレッシュ。人生の楽しみを満喫できるというもの。

　スパークリング・ワインに興味のある方は、テイスティング・ツアーが勉強のチャンス。知れば知る程、ワインが美味しくなること確実です。

Column   no.4

楽しいワインライフの名脇役、ワイングッズ

ワインを楽しむためにかかせないのが、ワイングッズ。豪華なデキャンタから、グラスを飾る可愛いワインチャームまで、様々です。毎日のワイン生活で大活躍なのは、ソムリエナイフ。質が良ければよいほど値段も高くなりますが、これだけは長きにわたって使える特別な1本を持ちたいもの。ウエットスーツ素材を使った軽くて丈夫なワインバッグも、一押しのお土産。お気に入りワイナリーのロゴ入りグッズを買って、旅の記念に♪

a   b   c   d

e   f   g

a ソムリエナイフ 真中の穴はスクリューキャップ用　b アイッシュ社ドイツ製ワイングラス Eisch Breathable glass　c 魔法使いの帽子みたいなボトル飾り　d 簡単に開けられるワインオープナー　e 古いコルクにお勧め 2枚羽型コルク抜き　f カベルネ・ソーヴィニョン入りのトリュフチョコ　g 可愛いワインボトル用キャップ

これは、ラベルを見ずに葡萄の種類・産地等を当てる、ブラインド・テイスティングの際に、
ボトルを包んでラベルが見えないようにするためのカバーなんです。

エコなワインバッグ。地球にやさしい
素材使用で、お土産に最適です。

Sonoma County

ワインがおいしいのは当たり前。
大自然の中のテイスティング・ルーム。
緑と花に囲まれた、甘いひと時。
アートな空間。
あまりの気持ちよさに、深呼吸をひとつ。

プラスアルファを兼ね備えたワイナリーたちは、
きっとあなたを満足させてくれるはずです。

SONOMA COUNTY
ソノマ

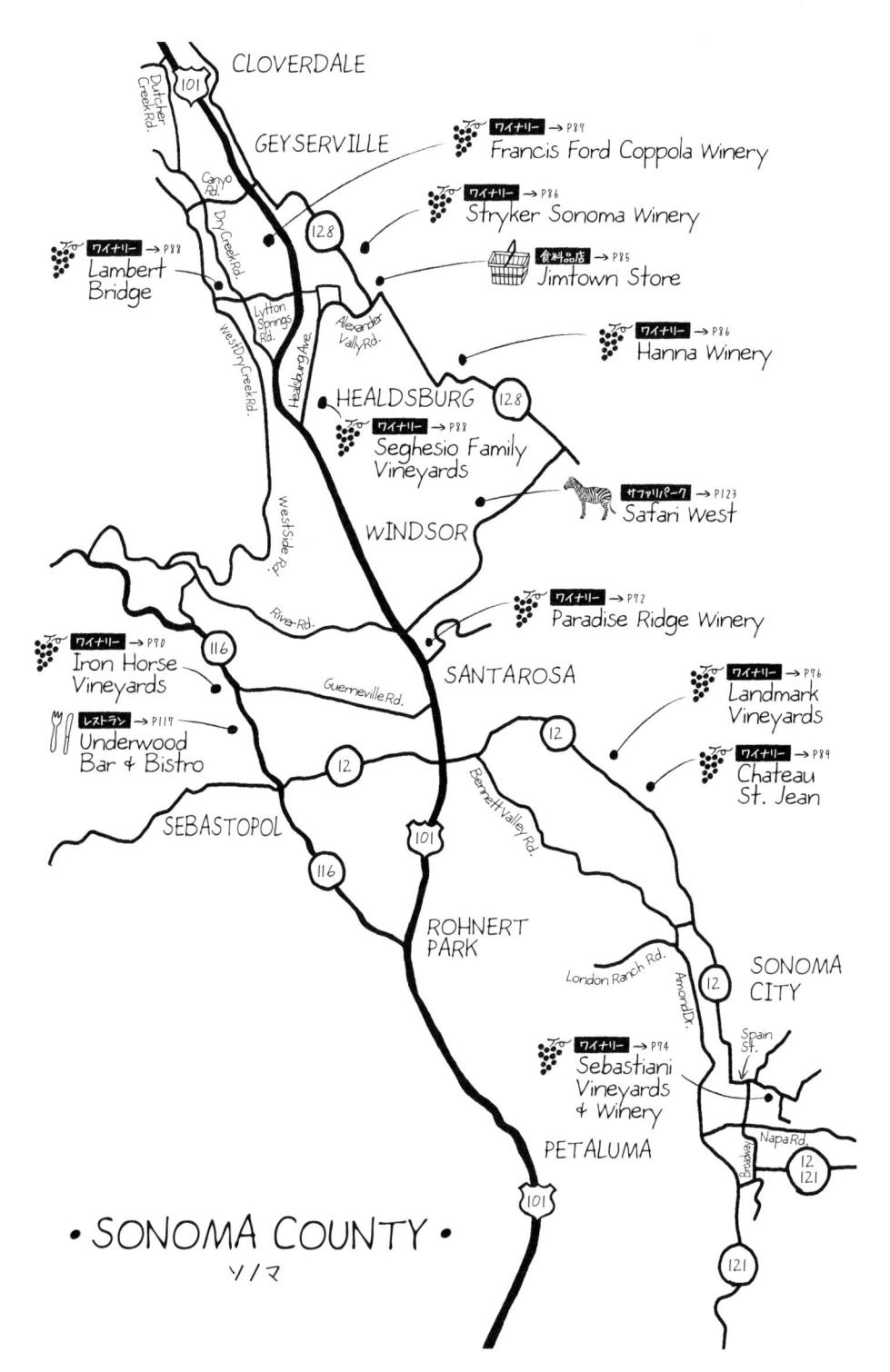

大自然に包まれて、ゆるやかに流れる時間を抱きしめよう

Iron Horse Vineyards
アイアン・ホース・ヴィンヤーズ

map : sonoma P069

Add ： 9786 Ross Station Road, Sebastopol, CA 95472
Phone ： (707) 887-1507
Open daily ： 10 am - 3:30 pm
Web ： http://www.ironhorsevineyards.com/

　スパークリング・ワインのスペシャリストとして名高い、アイアン・ホース。ソノマ・カウンティーの中では、一番のお気に入り。何故って？
　答えは、テイスティング・ルームそのものが無いから。

　置かれているのは、ワイン樽に板を載せただけの、簡単な机。360度に渡って目の前に広がるグリーン・ヴァレーの葡萄畑を、あなたの視界から遮るものは何もありません。こんなにカジュアルで、美しいテイスティング・ルームは他ではお目にかかれないはず。豊かな緑に囲まれて、素晴らしい景色を独り占め！

　ここのスパークリング・ワインは格別に美味。その他に、ピノ・ノアールも忘れずに試してほしい品種。スタッフはとても親切で、興味がある人には、ホワイトハウスでアイアン・ホースが饗された時の、栄えあるメニューを見せてくれます。大自然の中で過ぎてゆく幸福な時間を、心行くまで楽しんでください。

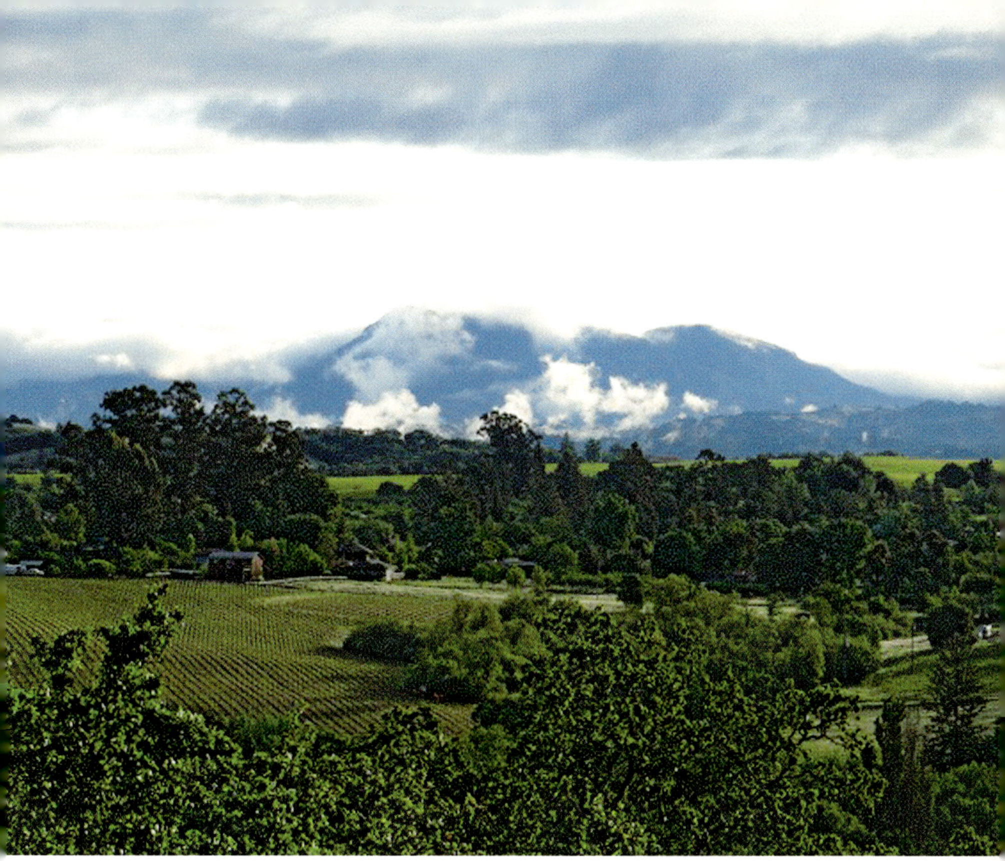

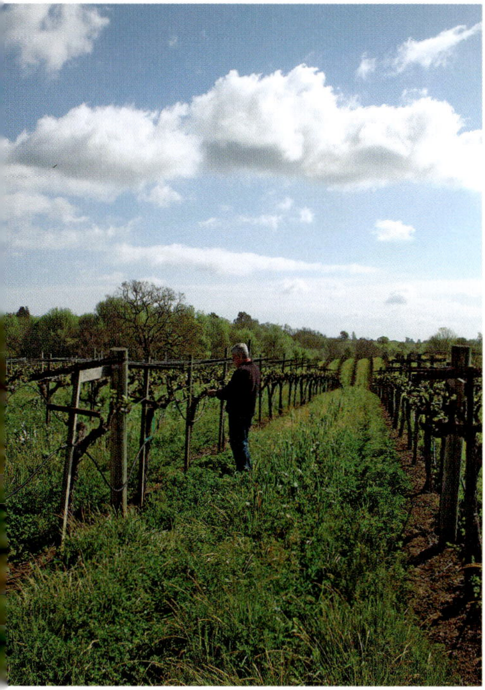

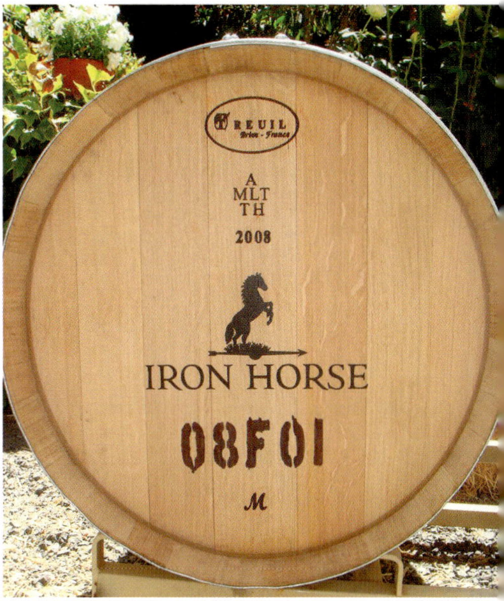
REUIL
A
MLT
TH
2008
IRON HORSE
08F01
M

時を超えて　サムライ・ワインメーカーに会える場所

Paradise Ridge
パラダイス・リッジ

map : sonoma　P069

Add ： 4545 Thomas Lake Harris Drive, Santa Rosa, CA 95403
Phone ： (707) 528-9463
Open daily ： 11 am - 5 pm
Web ： http://www.paradiseridgewinery.com/

　パラダイス・リッジは、丘の上のワイナリー。途中、郊外の住宅地を通り抜けるので、あれ？道に迷ったかな？なんて、思ってしまうかも。入り口にある、奥ゆかしい小さな石造りのサインをたよりに門をくぐった後は、両脇に並ぶ芸術作品をたのしみながら進んでみましょう。
　すると…。
　迎えてくれるのは、まさにパラダイス。テイスティング・ルームは、シンプルだけれど、とってもアットホームで、気さくな雰囲気。夏季には毎週水曜日、サンセットを楽しむイベントが開かれています。夕暮れ時、沈み行く陽光を受けて、幻想的な姿を見せるサンタ・ローザの街並みと田園風景を見下ろせば、まるでおとぎの国にいるみたいです。

> 日本人ワインメーカーの始祖

　ここには日本人ワインメーカーの始祖とも言える、ナガサワ・カナエ（長澤鼎）氏の展示室があるので見逃さないで。（お願いすると、部屋に案内してくれます）カナエ氏は、西洋文化を学ぶべし！という鹿児島大名の命を受け、1865年に若干13歳の若さで遥か太平洋を渡ったサムライ留学生。後にソノマの地に根を下ろし、ワインメーカーとして、Fountain Grove Wineryを創立しました。ワインカントリーの発展に、日本人が大きく貢献していたなんて、素敵な驚きですよね。

カリフォルニアワインの歴史を体現
ノスタルジックなワイナリー

Sebastiani Vineyards & Winery

セバスチャーニ・ヴィンヤーズ & ワイナリー

map : sonoma P069

Add ： 389 Fourth Street East ,Sonoma, CA 95476
Phone ： (707) 933-3230
Open daily ： 10 am - 5 pm
Web ： http://www.sebastiani.com/home.asp

　創始者のサミュエル・セバスチャーニ氏は、イタリア系の移民。着のみ着のままでアメリカに渡ったあと、苦労して１台の馬車を購入。その馬車を使って、ソノマからサンフランシスコへと道路舗装用の石を運び、懸命に財を成しました。そして1904年にソノマの地に設立したのが、セバスチャーニ・ヴィンヤーズ & ワイナリーです。
　ワインメーカーのマーク・ライアン氏は、常にカリフォルニアの醸造技術の最先端を行き、美味しくて飲みやすい、それでいて値段を低く抑えたワインを世に送り出しています。
　ここでお勧めなのは、赤ワイン。特にカベルネ・ソーヴィニョンとメルローは見逃せません。また、ピノ・ノアールもとてもいい味。普通はカベルネかピノ、どちらかに秀でるのですが、その意味では両者を巧みに造り出すセバスチャーニは、鋳型にはまらないワイナリーと言えます。

SEBASTIANI VINEYARDS
& WINERY
HOSPITALITY CENTER
TOURS:
WINE CLUB MEMBERS ENJOY
FREE TOUR & TASTING!
Our second century~

美しい庭園に囲まれて、最高峰のシャルドネを楽しもう

Landmark Vineyards
ランドマーク・ヴィンヤーズ

map : sonoma   P069

Add ： 101 Adobe Canyon Road, Kenwood, CA 95452
Phone ： (707) 833-0218
Open daily ： 10:30 am - 4:30 pm
Web ： http://www.landmarkwine.com/

シャルドネ・ファンには、必ず訪れてほしいワイナリー。ランドマーク・ヴィンヤーズは、毎年コンスタントに、美味しいシャルドネを造り出しています。心地よいクリーム色に統一されたテイスティング・ルームはとても豪華、でもスタッフの笑顔は温かく、飾らない雰囲気です。

一歩外に出ると、目に飛び込んでくるのは、可愛い池に、緑の芝生、そして季節毎に咲き乱れる満開の花。やさしい草木や風景に囲まれた中庭のピクニックエリアは、素敵な結婚式の会場にも早変わりします。夏季には毎週土曜日、馬車に乗ってヴィンヤードを巡るツアーが楽しめます。

Column   no.5

葡萄たちの祝福を受けて……
　　ワイナリーウェディングはいかが？

　緑の葡萄畑をわたる、さわやかなそよ風。ふりそそぐカリフォルニアの太陽。純白のドレスに身を包んで、特別な日を迎えるのは、眩しい笑顔のプリンセス。ワインカントリーの結婚式は、アメリカ人女性に大人気。豊かな自然の恵みを感じながらのロマンチックなセレモニーは、忘れ難い思い出となるからです。日本から近いこともあって、ワイナリーで式を挙げる日本人カップルも年々増えています。挙式を行えるワイナリーの数が限られている事と、その人気の高さゆえ、かなり前もっての予約が必要となりますが、最高の記念になることでしょう。

　皆様にお勧めなのは、「記念日ワイン」を選ぶこと。私達が婚約したのは豪州。ブレイクがプロポーズの場に選んだギリシャ料理店で開けたのは、マウント・ランギ・ギランのシラーズ。以来、毎年結婚記念日の食卓を飾っています。気張らずに楽しめる一本を探してみて。

Other Winery

サンフランシスコの南にも、
素敵なワイナリーがあります。
そして湾を渡ってすぐの至近距離にも。

アメリカ最高峰のワイナリーで、正統派のワインを心行くまで堪能

Ridge Vineyards
リッジ・ヴィンヤーズ

Add : 17100 Montebello, Rord, Cupertino, CA 95014
Phone : (408) 867-3233
Hours : Sat & Sun 11 am - 5 pm (April-October),
　　　　　 11 am - 4 pm (November-March)
Web : http://www.ridgewine.com/
Access : サンフランシスコより車で1時間10分

　アメリカで最高のワイナリーであるにもかかわらず、リッジはとってもつつましやか。

　創立者が医療関係者だったことから縁があり、1986年に大塚製薬が購入、現在のオーナーは日本人の大塚明彦氏。ワインの殿堂に輝くワインメーカー、ポール・ドレイパー氏の手によって、質の高いワインが毎年コンスタントに世に送り出されています。

　シリコンヴァレーのすぐ近く、クパチーノにあるテイスティング・ルームが開放されるのは、週末のみ。ワインはどれも一級品ばかりなのに、雰囲気はとってもカジュアルです。お洒落なテイスティング・ルームがソノマにあるのですが、こちらの方がだんぜんお勧め。素晴らしいカベルネを造り出す葡萄畑、モンテ・ベロのスロープを擁するワイナリーは、まさにリッジの心臓部と言えますから。

光と風と緑に囲まれて　ベイエリアをひとり占め

Thomas Fogarty Winery & Vineyards
トーマス・フォガティ・ワイナリー＆ヴィンヤーズ

Add ： 19501 Skyline Blvd, Woodside, CA 94062
Phone ： (650) 851-6777
Hours ： Wed-Sun 11 am - 5 pm
Web ： http://www.fogartywinery.com/
Access ： サンフランシスコより車で50分

　リッジから車で45分程の場所にある、トーマス・フォガティ。ちょっと距離がありますが、行く価値は充分。リッジがワインで勝負なら、こちらはその美しいワイナリーが見応え満点。
　大自然の息吹を深呼吸しながら、州立公園の森の中をドライブしていくと、辿り着くのは丘の上のヴィンヤード。そこに建つワイナリーからは、ベイエリアの素晴らしい絶景が望めます。ここで数々の結婚式が行われているのも、なるほど〜と頷けます。日本人カップルも多いそうですが、こんなに素敵な舞台で繰り広げられるウエディング・セレモニー、とってもロマンチックですよね。穏やかな田園風景の中で楽しむ、シャルドネとゲヴェルツトラミナーは最高です。

Photo courtesy of Atsushi Morimura

サンフランシスコから至近距離　フェリーに乗って訪ねよう

Rosenblum Cellars
ローゼンブル・セラーズ

Add : 2900 Main Street Suite 1100, Alameda, CA 94501
Phone : (510) 865-7007
Open daily : 11 am - 6 pm
Web : https://www.rosenblumcellars.com/gateway.jsp
Access : サンフランシスコよりフェリーで約 20 分

　サンフランシスコに滞在中、レンタカーはしたくない、でもワイナリーには行ってみたい … という方が、お手軽に楽しめるのがローゼンブルム・セラーズ。フェリー・ビルディングでピクニック用のランチを買ったならば、準備万端。いざフェリーに乗って、アラミーダまで約 20 分のクルージング。ターミナルに着いたならば、ワイナリーはすぐ目と鼻の先です。

　ここではパワフルなワインを楽しんで下さい。実に多くの種類のシングル・ヴィンヤード・ワインが作られていますが、中でもプティ・シラーのテイスティングを忘れないでください

Column　　no.6

ワイナリーめぐりで大活躍のお勧めMAP

旅するときに、地図は必須。ナパ・ソノマのワイナリー訪問の際に、我が家で大活躍なのがこの地図。

*Quick Access Napa-Sonoma Wine Country Map & Guide
By Global graphics $6.95*

ラミネーションがほどこされているので皺になりにくく、表示が明解なので、ドライブに最適です。インターネット、本屋、Press Club（129頁紹介）等で手に入ります。

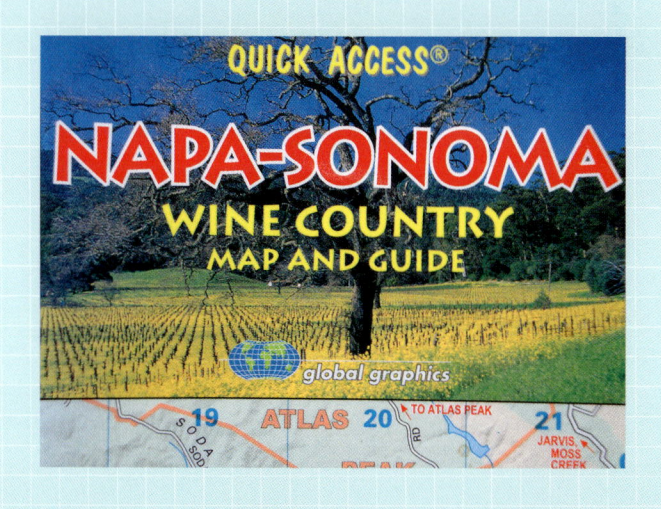

Sec.03

Sonoma Speed Picnic
ソノマ・スピード・ピクニック記

5月初旬、うららかな土曜日の早朝。メキシコの祭日シンコ・デ・マヨを迎え、どことなく浮かれた表情のボヘミアン地区を、一台の車が急ぎがちに通り抜けていった。運転するのはワイン・ライター、W. ブレイク・グレイ。ショットガンに座るのはアシスタントのマミ。

この日のミッションは「ソノマ・カウンティーで最高の、ピクニック向けワイナリーを調査せよ!」

一口にソノマ・カウンティーといっても、埼玉県に匹敵するほどの広さを持つ郡。点在する約275のワイナリーのうち、50以上がピクニックエリアを擁しているほど。一日でいったいどれだけ回り切れるのか？ 肝心のワインの味はもちろんの事、素敵なピクニックエリアがあるソノマの厳選ワイナリーをご紹介します。

(真美：記)

Jimtown Store
ジムタウン・ストア（食料品店）

10:00 am

Add ： 6706 Highway 128, Healdsburg, CA
Phone ： (707) 433-1212
Open daily. Weekdays ： 7 am - 5 pm , Weekends : 7:30 am - 5 pm
Web ： http://www.jimtown.com/

map : sonoma　P069

　まず始めに訪れたのは、昔の映画に出て来そうな田舎町の可愛い食料店ジムタウン・ストア。オーダーメイドのサンドイッチやボックス・ランチはどれも美味。朝8時にサンフランシスコを出発して朝食抜きだったから、おなかぺこぺこ。早速、裏庭にある静かなポーチに陣取って、熱々の出来立てブレックファースト・エッグ・サンドイッチで腹ごしらえ。その他にもパイやサラダをごっそり買って、これからのピクニックに備えます。ここには自家製ソースやワイン、はたまた魔法の粉入り秘密の箱なんて品も置いてあるので、退屈する暇はないはず。週末には自転車のツーリング客でにぎわいます。

Let's go !

Stryker Sonoma Winery
ストライカー・ソノマ・ワイナリー（ワイナリー）

Add ： 5110 Highway 128, Geyserville, CA
Phone ： (707) 433-1944
Open daily ： 10:30 am - 5 pm
Web ： http://www.strykersonoma.com/

map : sonoma P069

　ワイナリーに着いたらドアが閉まってる…。看板を見ると開館は10:30am。でも時計が指しているのは10:15am。まだ冷たい朝の冷気に震えながらガラス越しにへばりついて中の様子を眺めていたら、準備中だったスタッフの女性が「寒いから中へどうぞ」と、暖かく迎え入れてくれました。ストライカーのほとんどのワインは、ワイナリーか近辺のレストランでのみ入手可能。目の前に広がる畑で収穫された Old Vines Zinfandel のボトルを開けて、ジムタウンのサンドイッチを頬張れば、のどかな田園風景が何倍も楽しくなります。

Hanna Winery
ハンナ・ワイナリー（ワイナリー）

Add ： 9280 Highway 128, Healdsburg, CA
Phone ： (707) 431-4310
Open daily ： 10 am - 4 pm
http://www.hannawinery.com/

map : sonoma P069

　最高のパティオなら、ハンナ・ワイナリーへ。ここではテイスティングのグラスを、バルコニーに持ち出して楽しめます。陽当たりの良いテーブルに陣取って、早速ジムタウンのフェンネルサラダとチキン・パイを攻撃。その間ブレイクはグラスを片手に、行ったり来たりを4回も繰り返して、ちょっと笑える光景だったかも。カウンターの後ろに飾ってある写真は、おじさまスタッフの作品。映し出された四季の葡萄畑は趣があってとっても素敵。古いオークの大木の下で、ソーヴィニョン・ブランのボトルをあけるのは、如何でしょうか。

12:30 pm

Francis Ford Coppola Winery
フランシス・フォード・コッポラ・ワイナリー（ワイナリー）

Add : 300 Via Archimedes, formerly Souverain Road, Geyserville, CA
Phone : (707) 857-1400
Open daily : 11 am - 5 pm
Web : http://www.franciscoppolawinery.
map : sonoma P069

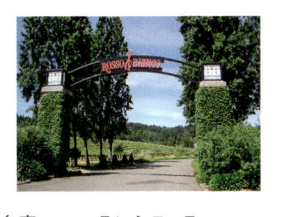

　映画ゴッド・ファーザーの監督として名高い、フランシス・F・コッポラ氏。おじさんの造ったホームメイド・ワインを飲んで成長しました。その彼は現在、大きなワイナリーのオーナー。値段は高いけれど、訪ねて面白い、ナパのルーサーフォードにあるルビコンと、このフランシス・フォード・コッポラ・ワイナリーです。こちらのテイスティング・ルームに並ぶのは、いずれもお求めやすい値段のワインたち。カジュアルな雰囲気を楽しんでください。

1:45 pm

Oakville Grocery
オークビル・グロサリー（食料品店）

Add : 124 Matheson St., Healdsburg, CA
Phone : (707) 433-3200
Open daily : 8 am - 6 pm
Web : http://www.oakvillegrocery.com/stores/healdsburg.php
map : sonoma P069

　おしゃれなレストランやショップが並ぶ、ヒールズバーグのダウンタウン中心広場。その一角に位置するのがオークビル・グロサリー。約120年前に小さな商店としてナパ・ヴァレーに誕生して以来、いまも人々に重宝されている食料雑貨店です。とにかく品揃えが豊富なので、ピクニックランチの調達にお勧め。その場で作ってくれるサンドイッチの他にも、ワインのテイスティングやコーヒー・コーナーがあって、一通りなんでもそろいます。可愛いビン入りのオリーブオイルやヴィネガーは、お土産にしたら喜ばれそう。チーズやプロシュート、そしてパン、全て地元の品でとても新鮮です。

087

2:15 pm

Seghesio Family Vineyards
セゲシオ・ファミリー・ヴィンヤーズ（ワイナリー）

Add ： 14730 Grove St., Healdsburg
Phone ： (707) 433-7764
Open daily ： 10 am - 5 pm
Web ： http://www.seghesio.com/

map : sonoma P069

　ヒールズバーグの中心部から車で10分足らずの距離にある、セゲシオ・ファミリー・ヴィンヤーズ。木の下のピクニックエリアは花や緑に囲まれ、街中だとは思えないほど静かです。ランチに開けるなら、ジンファンデルのハーフボトルがお勧め。可愛いワイングッズや、地元の特産品が並んだショップもあるので、お土産の調達に便利。ワインはどれも美味で、値段もとってもリーズナブルです。

3:30 pm

Lambert Bridge
ランバート・ブリッジ（ワイナリー）

Add ： 4085 West Dry Creek Rd, Healdsburg
Phone ： (707) 431- 9600
Open daily ： 10:30 am - 4:30 pm
Web ： http://www.lambertbridge.com/

map : sonoma P069

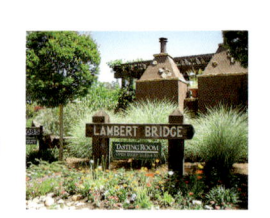

　ランバート・ブリッジの広大な庭は、手入れが行き届いてとっても優雅。様々なサイズのピクニックテーブルがあるので、友達や家族といっしょに大勢でワイワイ楽しむのに最適。テイスティング・ルームはちょっぴりスノッビーで、料金もソノマにしては少々高めの設定なのですが、芝刈り代と思うと納得かな？ボトルを買ってピクニックエリアで楽しむならば、爽やかなDry Creek Valleyのソーヴィニオン・ブランが、天気のいい日にぴったりです。

Chateau St. Jean 4:55pm
シャトー・セント・ジーン（ワイナリー）

Add ： 8555 Sonoma Highway, Kenwood, CA
Phone ： (707) 833-4134
Open daily : 10 am - 5 pm
Web ： http://www.chateaustjean.com/
map : sonoma P069

　この日最後に訪れたのは、シャトー・セント・ジーン。全てを一箇所で済ませたかったら、これほど理想的なワイナリーは他にちょっと無いかも。私たちが駆け込んだとき、時計は既に閉館5分前。でも一旦入ってしまえば、こっちのもの！ってな訳で、早速テイスティング・ルームに直行して、美味しいと有名なパニーニを注文しました。同じカウンターでグラスワインも購入。これまで廻った中で、ここはテイスティングとは別に、唯一グラスでワインが買える所。赤・白2種類ずつ日替わりで楽しめます。さっそく裏庭に持っていって、バラに囲まれて夕方のおやつタイム。

　ピクニック・エリアは2ヶ所。表の広々とした芝の上には、大きな木のテーブルがあり、傍らではフリスビーで遊んでいる家族も。裏の小さなローズ・ガーデンでは、パラソルの下で、バラの香りに包まれながらピクニックを楽しめます。葡萄の木が種類別に一列に並んで、一目で違いを勉強出来るガーデンがある他、ショップには実に様々なグッズが目白押しなので、お土産の調達にも至極便利。ワインやパニーニは美味しいし、スタッフの雰囲気も良し、ショップも充実。ハナマルのワイナリーです。

闘い終わって、日は暮れて……。ワイナリーを後にしたのは、もう6時。こうしてスピード・ピクニックの一日は幕を閉じたのでした。チャンチャン♪

Column no.7

テイスティング・ルームで得しちゃおう♪

　人気ワイナリーのテイスティング・ルーム。週末ともなれば、押し合いへし合い状態。
　そんな中で丁寧に扱ってもらえるのは、やっぱり嬉しいですよね。でも、どうやったらVIP扱いしてもらえるの？簡単なのは、お金を払ってプライベート・テイスティングをする事ですが、もっと経済的な方法はないの？ということで、とっておきのテクニックをご紹介します。

　テクニックその1　愛嬌のある、好奇心に満ちた、話して楽しい人になろう。言葉は拙くても、笑顔は世界共通。一所懸命な姿勢が伝われば、相手も笑顔で答えてくれます。

　テクニックその2　どんなワインがあるのか、事前にHPでチェック。メニューに載ってなくても「そういえばこんなワインがあるそうですねぇ」なんて聞いたら、奥から出しくれるかも♪「海を越えて、日本から来たのよー」と、積極的に話してみましょう。また、彼らのお勧めワイナリーや穴場のレストラン情報は貴重な情報。給料に反映されない意見は率直、そして新鮮です。

　テクニックその3　まずはゆっくりとテイスティングを楽しんで、お金を払うのは一番後まわし。ギフトショップで買い物をしたり、カウンターの人と親しくなれば、味見代はただでいいわよーなんて事があります。所によっては、ワインを買うとテイスティングが無料になるサービスがあるので、忘れずにチェックしてね。

テクニックその4　数種類の中から選べる方式の時は、迷わず自分の好きなワインを選びましょう。もしも、カウンターの人が勧めたくてうずうずしているワインがあれば、おまけに味見させてくれるチャンスが大です。

テクニックその5　ワインカントリーでは、酔っぱらいは"アンクールな象徴"。そこでスピッツ・バケッツを使ってみましょう。カウンターに必ず置いてある容器は、飲み残しのワインを捨てるためのもの。プロは口に含んでも、飲み込まずに、バケッツに吐き出します。好みのワインでない場合は、無理して飲まなくても大丈夫。時には捨てる勇気も必要です。

ワインな英単語

ここでちょっと、ワインを楽しむ際によく出てくる英単語をご紹介しておきましょう。

Acidity	葡萄の自然な酸味、発酵過程や貯蔵時に品質が損なわれるのを防ぐ。
Appellation	葡萄の産地表記。州の場合は100%、郡の場合は85%以上が、表記の地域からの葡萄でなければならない。
Aroma / Nose	ワインの香り。
Body	飲んだ時の、舌で感じた感覚。(full body, medium body, light body)
Estate wines	一般の市場ではなく、登録農園からの葡萄のみで造られたワイン。ワインメーカーが葡萄の品質を管理できるので、毎年の出来が比較的一定すると考えられる。
Microclimate	微気象。土、日光、傾斜、標高、気候、気温など、ブドウ畑の様々な要素の組み合わせが葡萄の品質を司る。ワインカントリーは特に区分が小さく、場所により差が大きい。
Old vines	一般に、樹齢が古く、良い品質の果実が生る葡萄の木の事。
Palate	味覚。口蓋。
Reserve	CA州では法的な定義は無く、生産者が最高の出来のワインに使用する事が多い。
Single vineyard	特別の小区画で栽培された葡萄のみを使用して造られたワイン。
Varietal	特定品種のワイン。CA州ではその葡萄を75%以上含まなければ、その名前では呼べない。
Vintage	葡萄が収穫された年。

Sec.04

Healdsburg

車がない人にお勧め、
歩いて回れる素敵な街、ヒールズバーグ

カラッと晴れた青い空。どこまでも続くぶどう畑を吹き抜ける、さわやかな風。何と言ってもワインカントリーは広大で、ワイナリーもあちらこちらに点在しています。そのために車があると便利。

でも心配しないで。車の運転はちょっと…という方のために、とっておきをご紹介しましょう。

ソノマ・カウンティーにあるヒールズバーグには、多くのワイナリーのテイスティング・ルームが集まっています。そのために、ダウンタウン・エリアを離れる事無く、実に様々なワイン・テイスティングが楽しめてしまうのです。

のんびりした情緒と、田舎とは思えない洗練されたショップが共存する、歩いて楽しめちゃう街に、いざ出陣！

（真美：記）

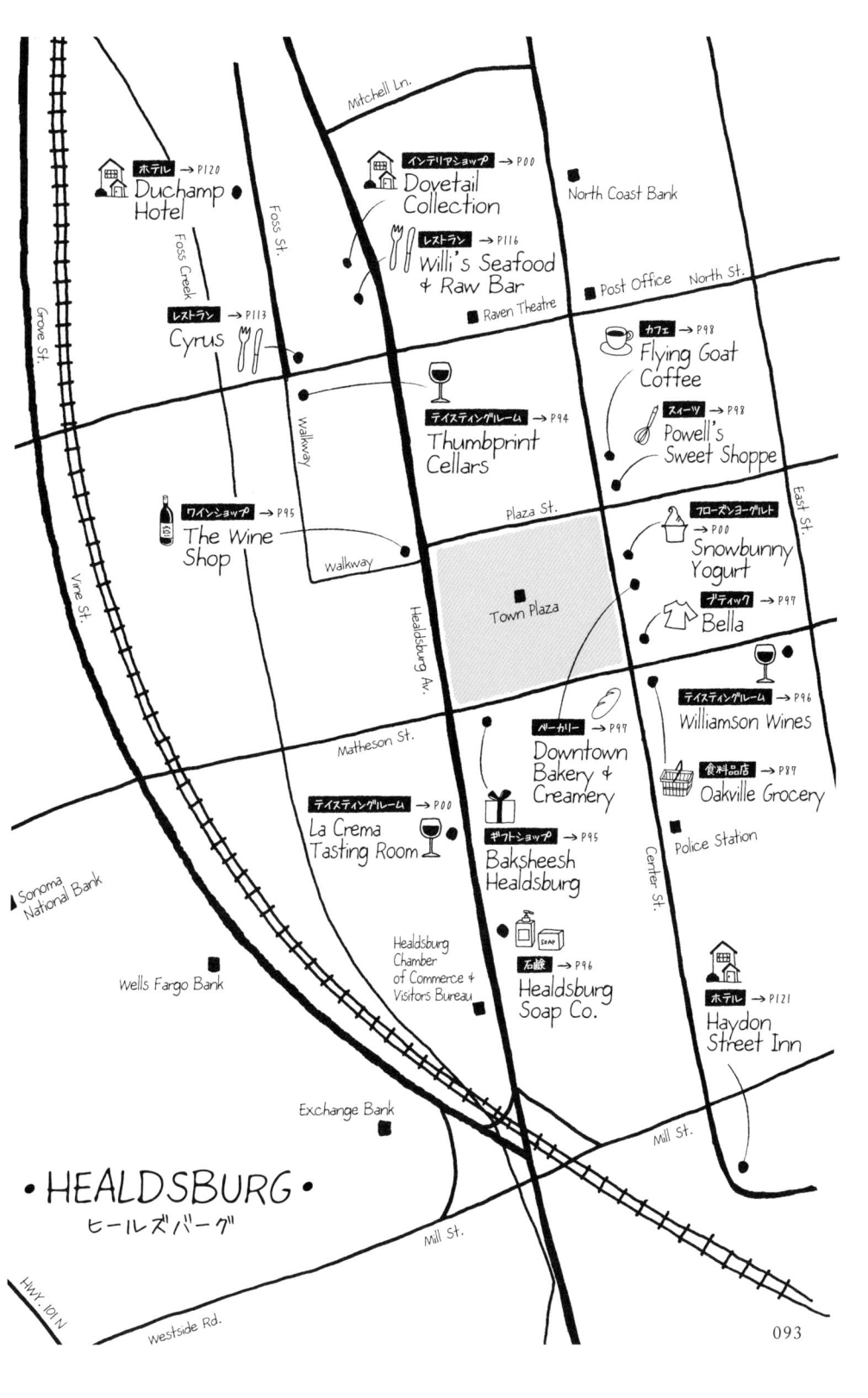

• HEALDSBURG •
ヒールズバーグ

Thumbprint Cellars

サムプリント・セラーズ　（テイスティング・ルーム）

map : Healdsburg　P093

Add ： 36 North Street. Healdsburg, CA 95448
Phone ： (707) 433-2393
Open daily ： 11 am - 6 pm
Web ： http://www.thumbprintcellars.com/lounge/

　　　　　　　　　　　元アート学生が経営するワイナリー、サムプリントのテイスティング・ルームは、とってもグルーヴな雰囲気。室内の随所に見られるアートが彼の前身を物語っています。グラスを片手に居心地のよいソファに座って作品を眺めたら、ちょっとしたギャラリーにいる気分。ワインメーカーのスコットはとっても気さくな人柄で、彼と話しているとワインへの情熱がひしひしと伝わってきます。4種類の葡萄がブレンドされたワインは"フォープレイ（Four Play）"、数種類のブレンドは"クライマックス（Climax）"など、ユニークなネーミングのボトルがあるのでチェックしてみて。

The Wine Shop
ザ・ワイン・ショップ （ワインショップ）

map : Healdsburg P093

Add ： 331 Healdsburg Ave, Healdsburg, CA 95448
Phone ： (707) 433-0433
Open daily ： Mon-Sat 10 am - 6 pm , Sun 12 am - 6 pm
Web ： -----

　珍しいワインを探している方に立ち寄ってみて欲しいのが、ザ・ワイン・ショップ。奥のリザーブ・ルームには、普通の店ではなかなか見かけない希少価値の高いワインが、入れ替わり立ち代り並びます。ボトルを買わなくても、テイスティングは試してみる価値あり。カウンターを常に賑わせているのは、小さなブティック・ワイナリーから厳選して集められた珍しいワインばかり。つまらないテイスティング・ルームに行くよりも、ここで試すワインの方が、よっぽど面白いというもの。フレンドリーなおじ様スタッフが豊富な知識でいろいろとアドバイスをしてくれるので、なんでも聞いちゃいましょう。

Baksheesh Healdsburg
バクシーシュ・ヒールズバーグ （ギフトショップ）

map : Healdsburg P093

Add ： 106 Matheson Street. Healdsburg, CA
Phone ： (707) 473-0880
Open daily ： Mon-Sat 10 am - 6 pm , Sun 11 am - 5 pm
Web ： http://www.vom.com/baksheesh/

　地球に優しいフェア・トレードの手工芸品を集めたショップ、バクシーシュ。"喜捨" という意味の名を持つこのお店には、アフリカ、アジア、中南米の国々から集められたアクセサリーや衣類などが並んで、とってもカラフル。貧しい地域に住む人々に継続した仕事を提供することで、彼らの安定した収入の確保と伝統技術を保存することが出来るのが、フェア・トレードの良さ。空き缶のプルトップを使って編み上げたハンドバッグや、リサイクルされたポスターで出来た飾り皿など、ユニークなグッズが勢ぞろいです。

Healdsburg Soap Co.
ヒールズバーグ・ソープ （石鹸専門店）

map : Healdsburg P093

Add ： 226 Healdsburg Ave, Healdsburg, CA 95448
Phone ： (707) 431-7627
Hours ： Fri-Mon 11 am - 5 pm / Sat 9 am - noon
Web ： http://www.healdsburgsoap.com/

石鹸好きの私たちの目を引いたのは、ヒールズバーグ・ソープ。素材は全て地元で採れたものばかり。季節ごとに旬の素材を使っていて、春はライラック、薔薇、夏はラベンダー、レモングラス、秋はイチジク、洋梨、ザクロ、そして冬はペパーミントなど、四季折々の香りが楽しめます。ジンファンデルやソーヴィニオン・ブランを使ったワインな石鹸もあるので、要チェック。スクラブ・ソルトや、可愛い木彫りの石鹸受けなどもあって、お土産に喜ばれそう。

Williamson Wines
ウィリアムソン・ワインズ （テイスティング・ルーム）

map : Healdsburg P093

Add ： 134 Matheson Street, Healdsburg, CA 95448
Phone ： (707) 433-1500
Open daily ： 11 am - 7 pm
Web ： http://www.williamsonwines.com/

にこやかな年配女性の笑顔が出迎えてくれる、とってもフレンドリーなウィリアムソン・ワインズ。周辺では珍しくテイスティング・ルームでの味見は無料。ここで購入したワインはそのまま日本に送ることが出来るので、重いボトルを持ち歩かなくてもOKなのは嬉しいかぎり。シックで落ち着いた雰囲気です。

Bella
ベラ （ブティック）

map : Healdsburg　P093

Add ： 302 Center Street. Healdsburg, CA 95448
Phone ： (707) 431-2910
Open daily ： 10 am - 6 pm
Web ： -----

　誰にもまねできないオリジナルのファッションを楽しみたかったら、ぜひ覗いてほしいのが小さなブティック、ベラ。店内に所せましと並んでいるのは、いずれもオーナーが厳選して集めたジュエリーや洋服ばかり。特に注目したいのは帽子。ドレスに合わせて正装したら、キャンドルを灯したロマンチックなディナーへいざ出陣。

Downtown Bakery & Creamery
ダウンタウン・ベーカリー & クリーマリー　（ベーカリー）

map : Healdsburg　P093

Add ： 308 A Center Street, Healdsburg CA 95448
Phone ： (707) 431-2719
Open daily ： Mon-Fri 6 am - 5:30 pm
　　　　　　Sat 7 am - 5:30 pm Sun 7 am - 4 pm
Web ： http://www.downtownbakery.net/

　歩きつかれて甘いものが食べたくなったら、ダウンタウン・ベーカリー & クリーマリーへ行ってみて。美味しそうなクッキーやカップケーキ、フルーツガレットが出迎えてくれます。朝早くから開いているので、朝食をとるのにも便利です。

Powell's Sweet Shoppe
パウエルズ・スィート・ショップ （スィーツ）

map : Healdsburg P093

Add ： 322 Center St. Healdsburg, CA 95448
Phone ： (707) 431-2784
Open daily ： Mon-Sat 10 am - 9 pm, Sun 10 am - 8 pm
Web ： http://www.powellsss.com/html

　子供の頃に食べたことのあるキャンディやチョコレートが、いっぱいに詰まったお菓子の店、パウエルズは、アメリカ版の駄菓子屋さん。店内には昔懐かしいお菓子がずらりと並んでいて、思わず童心にかえった気がするかも。色鮮やかな棒状キャンディや、ジェリービーンズがてんこ盛り。中には、辛ーいハラペーニョ味のキャンディに、本物のサソリが入ったロリポップ・キャンディなんていう、一風変わったスイーツも …。旅の記念にひとつ買ってみます？

Flying Goat Coffee
フライング・ゴート　（カフェ）

map : Healdsburg P093

Add ： 324 Central Street. Healdsburg, CA 95448-4117
Phone ： (707) 433-3599
Open daily ： Mon-Fri 7 am - 6 pm, Sat-Sun 8 am - 6 pm
Web ： http://www.flyinggoatcoffee.com/

　美味しいコーヒーが飲みたくなったらフライング・ゴートへ直行しましょう。カジュアルな雰囲気で地元の人に愛され、旅行者にも人気のカフェ。文句なしにダウンタウンで一番美味しい自家焙煎コーヒーにありつけます。世界中から厳選したコーヒー豆はどれもこだわりの品揃え。暑い日のアイスコーヒーは最高です。

ヒールズバーグへの行き方

サンフランシスコから

　SFダウンタウンからサンタローザへ、Golden Gate Transit Route 80で約2時間半。(Santa Rosa Transit Mall / 2nd & B Street下車) サンタローザからは、Sonoma County TransitのRoute 60で、ヒールズバーグ・プラザまで約50分。(Healdsburg Ave & Matheson Street / Healdsburg plaza下車)

注：GGTもSCTも平日には大体1時間に1本の割合で出ていますが、週末には本数が減るので、ご注意ください。

サンフランシスコ国際空港から

　Sonoma County AirportまでのSonoma County Airport Express シャトルバスが、1日15本出ています。片道約2時間15分。ここからヒールズバーグまでは、タクシー (約20分/$25) か、SCTを乗り継いで。

Golden Gate Transit
http://goldengatetransit.org/schedules/pages/Bus-Schedules.php

Sonoma County Transit
http://www.sctransit.com/

Sonoma County Airport Express
http://www.airportexpressinc.com/

ブレイクがそっと教える
ワインライターの日常
ワインボトルとワインラベル編

　ここで少しご紹介するのはワインボトルにワインラベル。いろいろなデザインがあるので、コレクションすると楽しいし、記念にもなる。でも本音をいうと、僕にとっては、ボトルよりも中身が大切。僕は収集家ではないから、手元のワインは99%飲むためのもの。それでも数本、思い入れのあるボトルがセラーに昏々と眠っている。

　初めてワインコラムを書いたのは、今は無きスタイリッシュなウェブサイト。その時の $20 のボトルが1本、手元に残っている。当時の同僚達と飲みたいけれど、皆他州に引っ越してしまい機会が無い。幸い Priorat 産で長期保存が可能。同窓会を待とうと思う。

　セゲシオのジンファンデルも記念のボトル。なぜならこの手で収穫した葡萄が使われているから。このままずっと開ける事は無いかもしれない（そしたら熟成してない葡萄が入っていた、なんて文句を言われないし）。

　アスレチックスの球場取材で手に入れた、ロゴ入りワインも特別。州の法律で球場外への持ち出しは禁止されているのだけれど、これは写真撮影に使ったもの。中身はたいしたことないので、永久保存版だ。

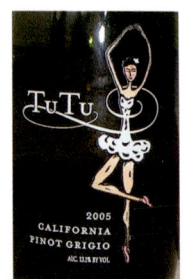

Sec.05

Restaurants & Hotels
どこで食べよう? どこに泊まろう?

カリフォルニアのワインカントリーを飾るのは、
ワイナリーだけではありません。

地元の新鮮な食材をふんだんに使い、名シェフたちが腕を競う
レストランは、世界でも最高級の粒ぞろい。

また、アメリカで最高のスパリゾート、カリストーガを擁するこの
地には、高級ホテルから、個性豊かなB&Bまで、様々な宿泊施設
が勢ぞろい。

厳選お気に入りをご紹介します。

(ブレイク:記)

Restaurants

ここではワインにあうおいしい食事が楽しめるお気に入りレストランをご紹介します。営業時間が目まぐるしく変わるので、あらかじめネットでチェックしてくださいね。

パティオでゆったり楽しみたいナパの美食

Bistro Don Giovanni
ビストロ・ドン・ジョバンニ

map : Napa Valley P051

Add : 4110 Howard Lane, Napa, CA
Phone : (707) 224-3300
Web : http://www.bistrodongiovanni.com/

ワインメーカーが、美味しいイタリアン料理を、ゆったりと楽しみたい時に選ぶのは、ビストロ・ドン・ジョバンニ。ここのパスタは最高。フリット・ミスト (fritto misto)、そして直火焼きの肉料理も見逃せません。とってもくつろげる雰囲気で、どんなに長っ尻しても、全然せかされる事がないのが嬉しい限り。

ナパ・カウンティでは、レストランの屋外で食事を出す事は条例で禁じられているのですが、ビストロ・ドン・ジョバンニは、パティオで食事をとることが出来る、数少ないレストランの一つ。お天気のいい日にパティオに出たら、鮮やかな色彩の料理が、もっともっと美味しくなること間違いなしです。

103

アメリカの最高峰 5時間の至福の時

French Laundry
フレンチ・ランドリー

map : Napa Valley P051

Add ： 6640 Washington Street, Yountville, CA
Phone ： (707) 753-0088
Web ： http://www.frenchlaundry.com/

名シェフたちも大絶賛。アメリカで最高のレストランだと誰もが認めるフレンチランドリー。その名声に比例して予約を取るのは至難の業です。その方法はとてもユニークで、希望の日からきっちり2ヶ月前に電話をかける必要があります。例えば5月5日に予約したかったら、3月5日に予約ライン707-944-2380に電話をするのです。大抵の場合20分程で満席になってしまうので、10時きっかりに電話をかける必要があります。まるで人気コンサートのチケット予約みたいですよね。

人気店の予約の取り方、
ちょっとした裏技教えます。

　もしもあなたが、現在ヨントヴィル（Yountville）に滞在中でしたら、ちょっとレストランに立ち寄って、空きがないか聞いてみるのも手。また、滞在中のホテルにお願いして、代わりに聞きに行ってもらう方法もあります。とっておきの裏技は、インターネットのオープンテーブルで予約する方法。

http://www.opentable.com/single.aspx?rid=1180&restref=1180

　1日2席インターネット予約が取れます。これもやはりきっちり2ヶ月前にアクセスする必要があります。時差を頭に入れながら、頑張ってみて。

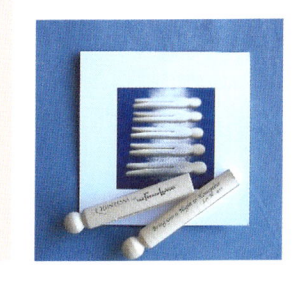

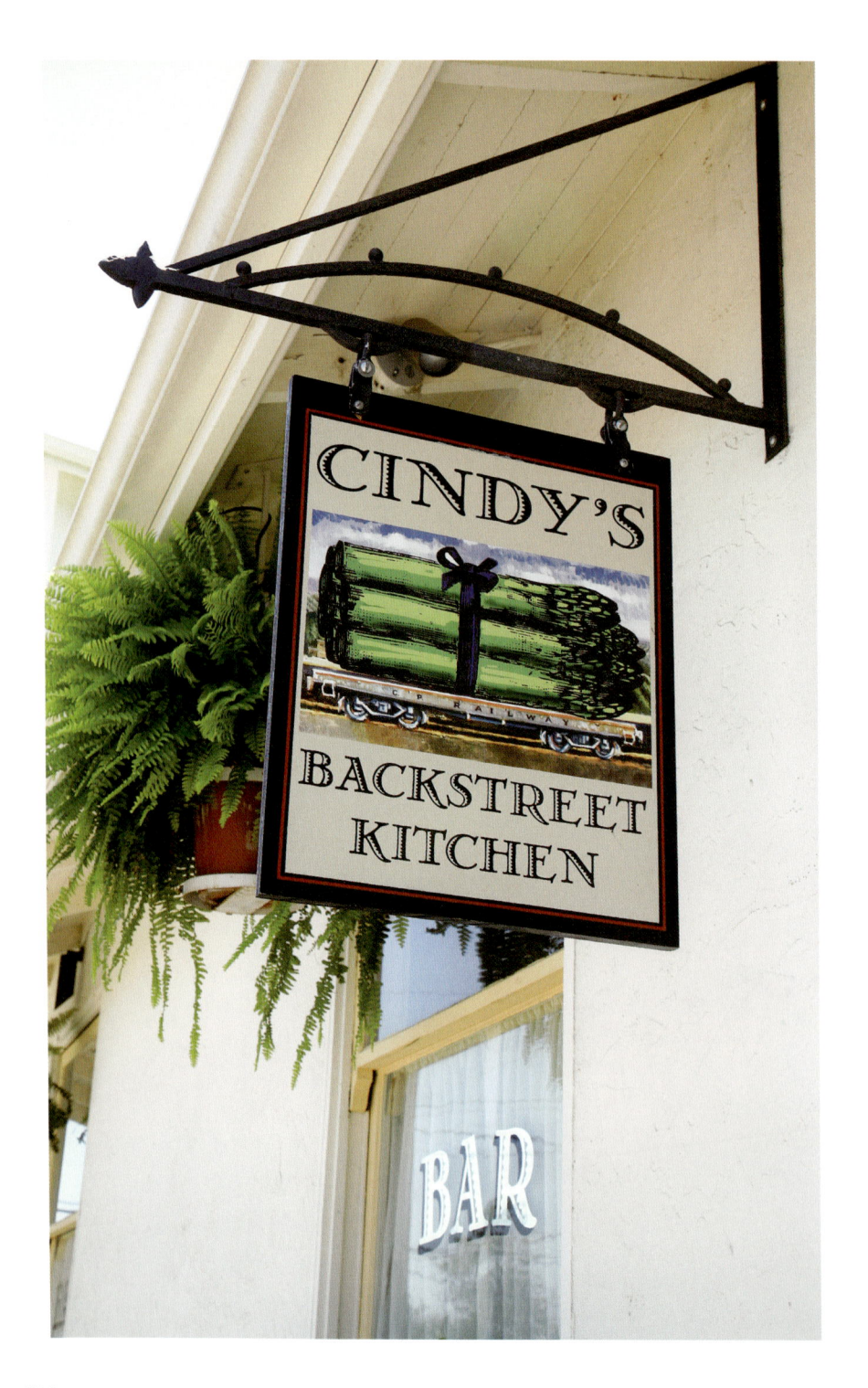

CINDY'S BACKSTREET KITCHEN

BAR

Tシャツで楽しめる、クリエイティブ料理に舌鼓

Cindy's Backstreet Kitchen
シンディーズ・バックストリート・キッチン

map : Napa Valley P051

Add ： 1327 Railroad Avenue, St, Helena, CA
Phone ： (707) 963-1200
Web ： http://www.cindysbackstreetkitchen.com/

　ここもワインメーカーの御用達レストラン。シンディでは、素晴らしい、クリエイティブな、それでいて肩肘を張らない料理が楽しめます。低温で36時間かけて料理された肉料理スペシャルは、ぜひトライしてほしい逸品。マッシュルームとフラット・ブレッドには、地元のピノ・ノアールをお供にどうぞ。

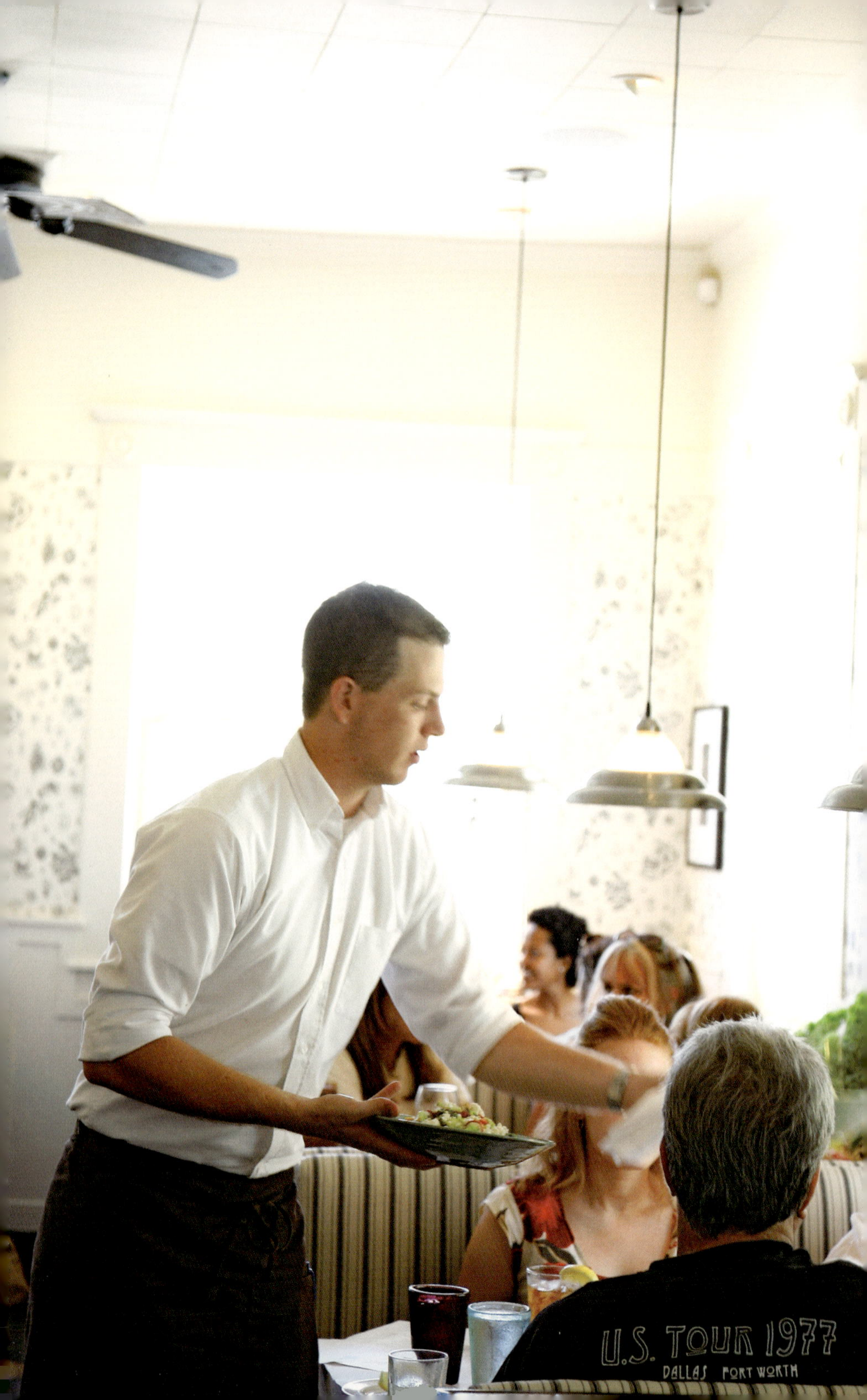
U.S. TOUR 1977
DALLAS FORT WORTH

ナパ・ヴァレーで3つのレストランを経営するオーナーシェフ、シンディ・パウルシン女史は、ワインカントリーの食の世界を常にリードしてきました。地元で採れた旬の新鮮素材をふんだんに使い、世界中の技術を取りいれた料理は、どれも超一流の味。でもサービスは気取らず、とってもフレンドリーな雰囲気です。

マッシュルームの天才シェフ 光るワインリスト

Martini House
マティーニ・ハウス

map : Napa Valley P051

Add ： 1245 Spring Street, St. Helena, CA
Phone ： (707) 963-2233
Web ： http://www.martinihouse.com/

　常連客はパティオでくつろぎ、ワインメーカー達は階下のバーにたむろしてワイン談義。寒い冬の日には、暖炉の火が暖かく迎えてくれる…そんなレストランが、マティーニ・ハウス。シェフはマッシュルーム大好き人間。レギュラー・メニューの他に、5コースのマッシュルーム・テイスティング・メニューがあって、デザートまでもがマッシュルームをテーマにした、まさにキノコ尽くしの料理が楽しめます。レストランの名前はマティーニですが、ここのワインリストに並ぶのは、選びにえらび抜かれた品ばかり。芳醇なワインをお供に、美味しい料理に舌鼓を打ってください。

ナパの歴史的な建物で、ロマンチックを満喫

Greystone
グレイストーン

map : Napa Valley P051

Add ： 2555 Main Street, St. Helena, CA 94574
Phone ： (707) 967-1010
Web ： http://www.ciachef.edu/restaurants/wsgr/

ナパ・ヴァレーの中でも特に印象的、お城のような建物のグレイストーン。前身はカトリック教会によって運営されていた、クリスチャン・ブラザーズ・ワイナリーでした。現在この建物は、CIA（The Culinary Institute of America）のグレイストーン校となっていて、美しい葡萄畑を見渡せるパティオでモダン・カリフォルニア料理を楽しむ事が出来ます。もしかしたら、あなたのワインをついでくれた生徒さんが、未来の"料理の鉄人"かも。

お気に入りの赤ワイン持参で、自慢の肉料理を満喫

Rutherford Grill
ルーサーフォード・グリル

map : Napa Valley P051

Add ： 1180 Rutherford Road, Rutherford, CA
Phone ： (707) 963-1792
Web ： http://www.hillstone.com/#/restaurants/

このレストランの魅力は、料理のおいしさはもちろん、コルケージ費（抜栓料）が、タダな事！ナパのほとんどのレストランでは、ワイン1本の持ち込みにつき$20程かかるのが常なので、これはとっても嬉しいサービスです。ここはお肉大好き人間にお勧めのレストラン、昼間買った赤ワインを開けるにはもってこいの場所です。特別な器に入ったコーンブレッドもお見逃し無く。

お洒落なドレスで出かけたい　ソノマで味わう名料理

Cyrus
サイラス

map : Healdsburg　P093

Add ： 29 North Street, Healdsburg CA
Phone ： (707) 433-3311
Web ： http://www.cyrusrestaurant.com/index.html

ソノマ・カウンティの中で一番シリアスな、そしてフレンチランドリーのライバルになりつつある、サイラス。土地柄を生かして新鮮な素材をふんだんに使い、常にメニューが変わります。フォアグラ料理とリゾット料理は特に美味。値段はちょっと高めですが、世界でもトップクラスの洗練された料理が堪能できます。ここも予約が取りにくいのですが、飛び込みで食べたかったらバーが狙い目。夕方5時30分頃に行けば、テーブル席に座れる確率が大。波があるのでカウンター席も頻繁に空きます。メインのレストランは、思い切りドレスアップが楽しめる場所。バーの方はクールでカジュアルです。

ベイエリアで最高のレストランと呼ばれるサイラス。食事の時間は、たっぷりと予定してください。テイスティングメニューは、この上なく精巧な料理の連続で、塩味・甘味・酸味・コク、全てのバランスが、偉大なワインのように完璧です。

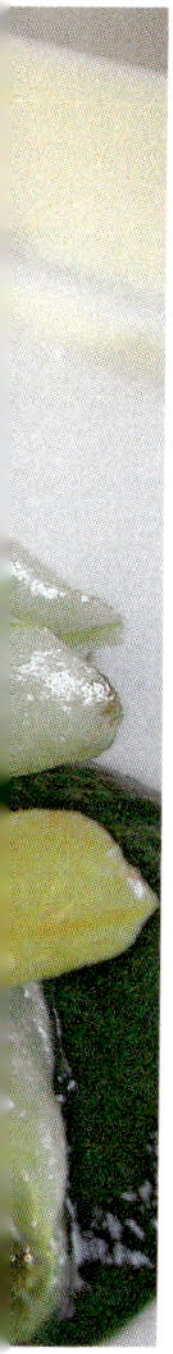
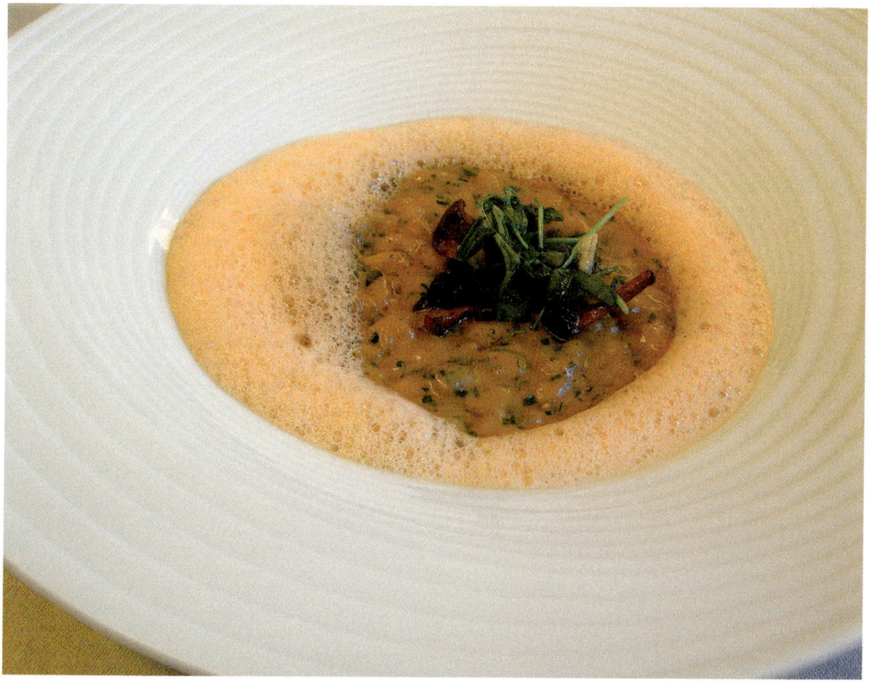
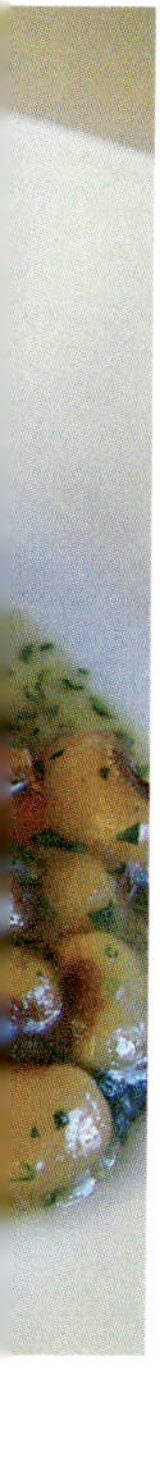
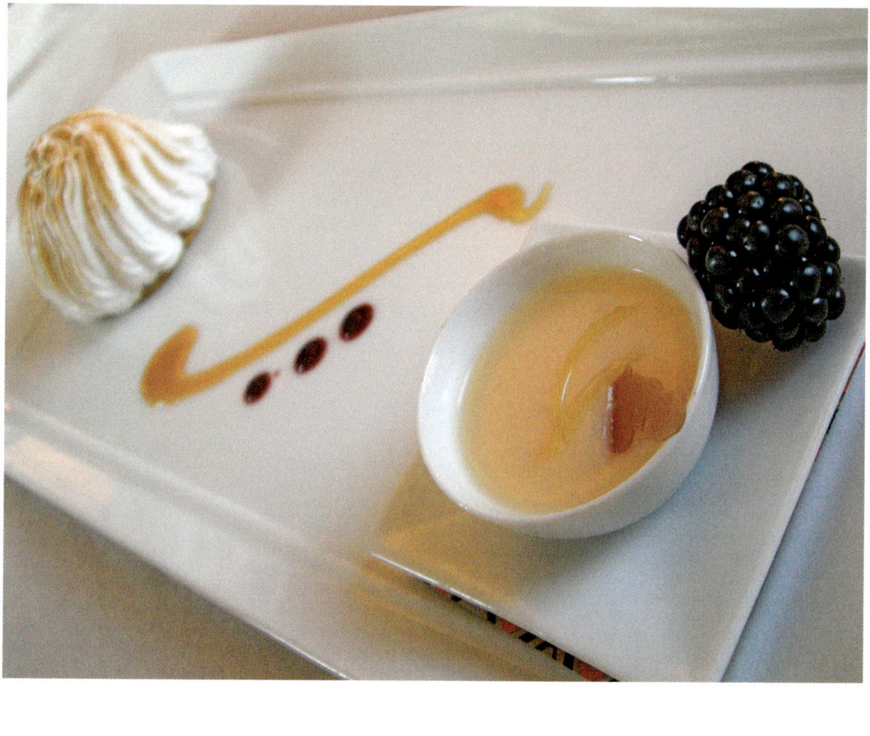

素材厳選の小皿料理、飾らない雰囲気が人気の秘密

Willi's Seafood & Raw Bar
ウィリーズ・シーフード・バー & ビストロ

map : Healdsburg P093

Add ： 403 Healdsburg Ave. Healdsburg CA
Phone ： (707) 433-9191
Web ： http://www.starkrestaurants.com/willis_seafood.html

　ヒールズバーグの中心地から１ブロックの場所にあるのが、ウィリーズ・シーフード・バー。値段がリーズナブルで、席も取りやすいレストランです。ここのお勧めは魚介類の小皿料理。ワインリストもなかなか良く選ばれていて、特に白ワインと軽めの赤が豊富、シーフードに良くあいます。カジュアルでいながらお洒落な雰囲気で、ちょっと今日は軽めに食べたいな…なんて時に、大活躍のレストランです。

ワインメーカーに愛される、とっておきのピノが飲める店

Underwood Bar & Bistro
アンダーウッド・バー & ビストロ

map : Healdsburg P093

Add ： 9113 Graton Road, Graton, CA
Phone ： (707) 823-7023
Web ： http://www.underwoodgraton.com/

ソノマ郡の中でも更にのどかな田舎に位置する、アンダーウッド・バー & ビストロ。雰囲気はカジュアルなのですが、料理はとても洗練されていて美食家も満足のメニュー。バーではワイン・ビジネスについて熱く語る、常連ワインメーカー達の姿が見かけられます。オイスターから始めて、鴨料理または赤ワインに良く合う肉料理というコースは如何でしょうか。サイド・オーダーに、オリーブオイルで料理した紫ポテトとピリ辛チョリゾ・ソーセージをお忘れなく。ワインはピノ・ノアールが充実。地元で少量生産されている希少ピノが、ずらりと勢揃い。他では飲む機会が無いこれらのワイン達を是非お試しあれ。

Hotels

ホテルは、スパあり B&B ありとバリエーション豊か。とっておきを何軒かご紹介します。

クマのぬいぐるみがお出迎え　コテージでまどろんで

Lavender
ラベンダー

map : Napa Valley P051

Add ： 2020 Webber Ave., Yountville, CA 94599
Phone ： (707) 944-1388 / (707) 944-1579 fax
Mail ： lavender@foursisters.com
Web ： http://www.lavendernapa.com/

　ナパ・ヴァレーの真ん中、ヨントヴィルは宿泊地として理想的な場所。なぜなら有名シェフ、トーマス・ケラー氏のレストラン王国があるから。フレンチ・ランドリーをはじめとして、ブッション、アドホックに歩ける距離というのは魅力的。豪華な夕食に、ついつい美味しいワインを飲みすぎても、夜風を楽しみながら帰路につけるというものです。

　ラベンダーは 6 つのコテージが母屋を囲む、美しい B&B。夕方にはオードブルやワインが提供される他、焼きたてクッキーは一日中食べ放題。季節と曜日によっては 2 日目の宿泊代が半額又はタダという嬉しい割引もあるので、HP をチェックしてみて。

Bonjour
Tea Time
*Crudité with French Onion Dip
*Cheese Assortment
*Almond Apple Tea Cake
*Cinnamon Cookies!

Lavender
A FRENCH
COUNTRY INN

モダンアートの映えるヴィラ スタイリッシュを満喫

Duchamp Hotel
デュシャンプ

map : Healdsburg P093

Add ： 421 Foss Street,Healdsburg, CA 95448
Phone ： (707) 431-1300 / (707) 431-1333 fax
Mail ： info@duchamphotel.com
Web ： http://www.duchamphotel.com/

真っ青なプールの横に6つのコテージが並ぶ、スタイリッシュなプチ・ホテル、デュシャンプ。敷地内には様々なコンテンポラリー・アートが並んでいて、まるで美術館にいるみたい。人気レストランのサイラスはわずか10メートルの近さ。ヒールズバーグ・スクエアも徒歩3分と、絶好のロケーションです。昼間歩きつかれた筋肉をジャグジーでほぐした後は、部屋にある暖炉の炎に照らされながら、スパークリング・ワインで乾杯。贅沢なヴァカンス・ライフが楽しめます。夕方にはハウスワインが楽しめて、コンチネンタル・スタイルの朝食付き。平日予約にはインターネット割引もあります。

アットホームなもてなしが自慢 可憐なビクトリア様式のB&B

Haydon Street Inn
ハイドン・ストリート・イン

map : Healdsburg　P093

Add ： 321 Haydon Street, Healdsburg, CA 95448
Phone ： (707) 433-5228 / (707) 433-6637 fax
Mail ： innkeeper@haydon.com
Web ： http://haydon.com/

　ソノマ郡で最近人気の街、ヒールズバーグ。その中心地ヒールズバーグ・スクエアから歩いて5分の場所にある、可愛いB&Bがハイドン・イン。おとぎ話の中に出てくるようなビクトリア様式の瀟洒な部屋には、それぞれキュートな名前が付いています。オーナーはケンタッキー・ダービーで有名なチャーチル・ダウンズの街で、エグゼクテブ・シェフを務めていた腕前。彼のつくる美味しい朝食の香りが自然の目覚ましがわり。アットホームな雰囲気で値段もリーズナブル。夕方には花咲きこぼれるガーデンテラスでワインを囲んで団欒のひと時があり、宿泊客たちの格好の情報交換の場になっています。

泥のお風呂で綺麗になる 温泉リゾートで極楽気分

Golden Haven Spa
ゴールデン・ヘブン・スパ

map : Napa Valley P051

Add : 1713 Lake Street, Calistoga, CA 94515
Phone : (707) 942-8000
Mail : spa@goldenheaven.com
Web : http://goldenhaven.com/

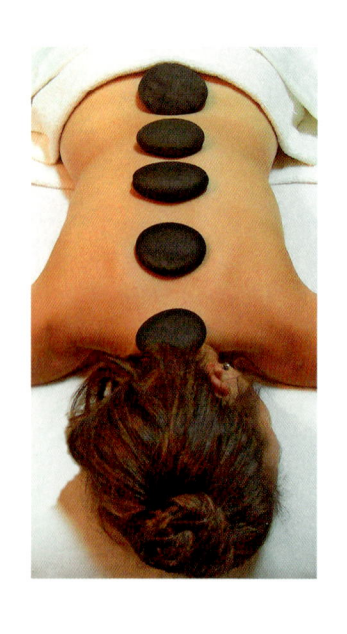

　カリストーガはアメリカでは数少ない、温泉が湧き出る最高のスパ・リゾート地。その昔ワッポ・インディアンを癒した温泉は、現在ではワイナリー巡りで疲れた観光客に心安らぐ休日をプレゼントしてくれます。特に見逃せないのはマッド・バス。ミネラルをたっぷり含んだ上質の泥でケアすれば、お肌はしっとり。高級リゾートからリーズナブルな値段まで、カリストーガには様々なスパやB&Bがありますが、ゴールデン・ヘブンはかなりお値打ち。インターネットで予約するとお得なプランが見つかります。ローマン・スパ（707-942-4441）も温水プールつきでスパ併設、手頃な値段のホテルです。

Column　　　　　　　　no.8

キリンと遊んで、ワインカントリーのジャングルで眠ろう
Safari West
サファリ・ウェスト

　ワインだけじゃぁ、物足りない！という方、アフリカン・サファリも一緒に楽しんじゃうのは如何でしょうか。ソノマとナパのほぼ中心に位置する、広大なサファリ・ウエスト。1989 年の創立以来、400 種類以上のアフリカ野生動物に出会える場所として、年間 6 万人が訪れる人気のスポットです。ジープ・ツアーで広いサファリを探検したり、ガイド付きハイキングで間近に動物を眺めたり、楽しみ方はいろいろ。湖を見下ろすサファリ・テントに泊まれば、夜行性動物の活動する音が聞こえるかも。昼間はワイナリーめぐり、夜はチーターやシマウマに囲まれて眠りにつくなんて、めったに出来ない経験です。

map : sonoma　P069

Add　:　3115 Porter Creek Road, Santa Rosa　CA　95404
Phone　:　(707) 579-2551 / (707) 579-8777 fax
Mail　:　nlang@safariwest.com
Web　:　http://safariwest.com/

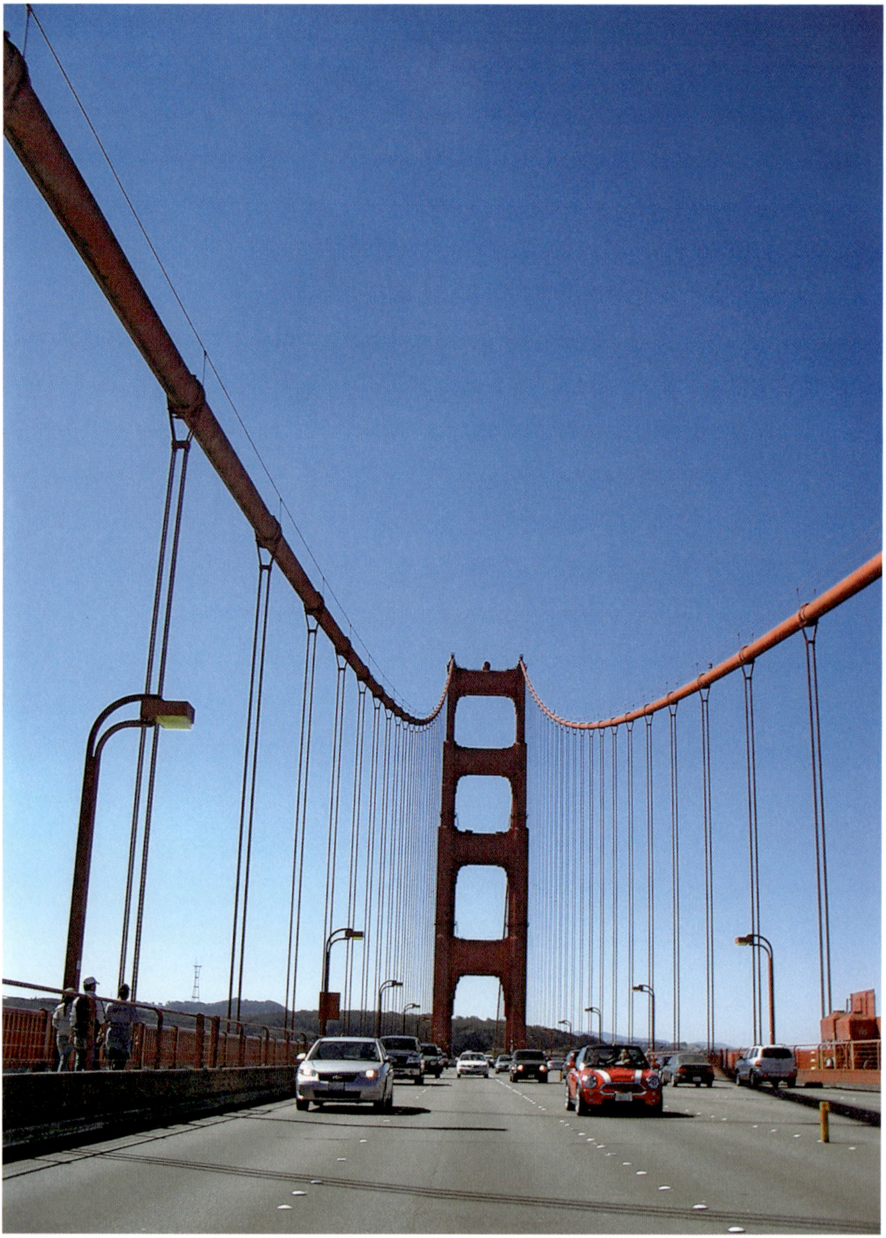

Sec.06

ゲートタウン
ヒップな街サンフランシスコ

陽気(ゲイ)でヒップな霧の街、サンフランシスコ。
ワインカントリーの旅の拠点として、
ぜひ旅行の日程に組み入れてほしい場所です。
アメリカでは数少ない、車がなくても、
楽しく安全に歩ける街です。
すでに数々の本で紹介されているので、
ここでは地元の穴場をお教えしましょう。

(真美:記)

ブレイクがそっと教える
ワインライターの日常
ワイナリーからの素敵な招待状編

　ワインライターの人生は、なかなかスイート。まず、送られてくるサンプルワインの山。その数、週に10本から20本。そして食事への招待。何とか自分達のワインに目を留めてもらおうと、ワイナリーでは、常にサンフランシスコやワインカントリーの高級レストランへ僕らを招いて食事会を開いています。時には、海外へのおいしい視察旅行もあり。数人の記者が招待され、2週間ほどその地のワイナリーを取材。費用は全て招待側持ちです。

　新聞記者時代は、こういった招待を受けることは禁止されていたので、初めて視察旅行に参加した時は、もうびっくり。飛行機はビジネスクラス、ホテルは5つ星、最高級レストランでの食事、なのに財布から出ていったのはたったの$20。食べ過ぎて3キロも太ってしまいました。一方で、招待慣れした他のライター達は、部屋からの景色が良くなかったとか、車が気に入らないとか文句ばかり。ある晩、17世紀に建てられた城に泊った際には、シャンプーが気に入らない、なんて声が聞こえてきたのでした。僕？僕は違いますよ。旅行中ずっと嬉しくて笑顔だったので、ワインライターの職業病の一つ、紫に染まった歯が見えていたはず。

　さて、これを読んで「自分もワインライターになりたい」と思われた方、この仕事で生計を立てるのは、とても難しいと警告します。特集記事1本で、収入は$1000ぐらい。リサーチには、かなりの時間がかかります（もちろんテイスティングも入っていますが）。多くの同胞は、ライフスタイルのためにワイン記事を書いていて、収入源は他にあります。医者だったり、弁護士だったり、伯爵夫人と結婚していたり。僕の場合、今年の副業は野菜記事。まあ大金持ちにはなれませんが、もうすぐスペインの視察旅行があるし、その後にはドイツへの招待が待っているので、悪くはなし。「豊かな人生」には、様々な形があるという一例でした。

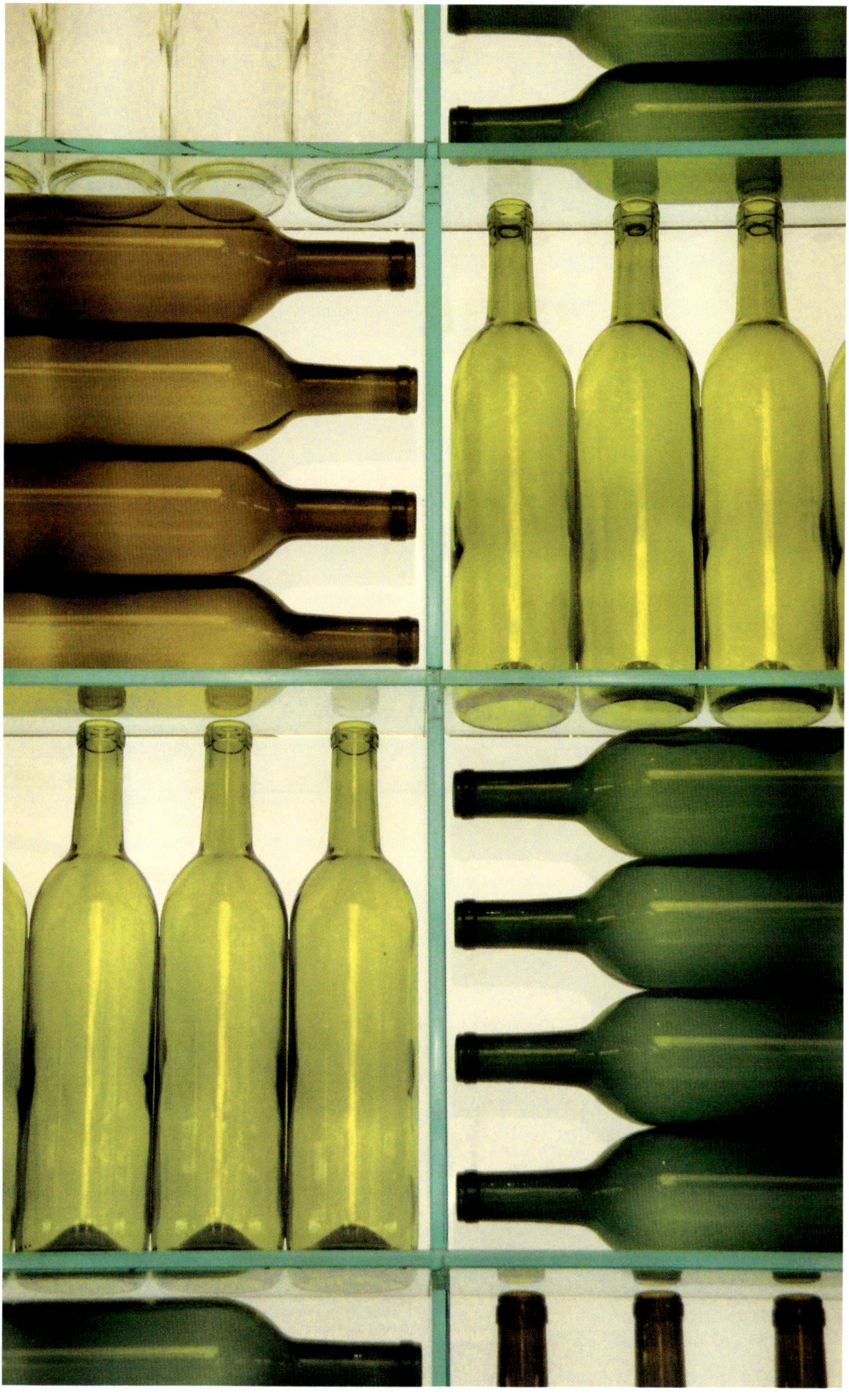

SFでワイン買うなら、こちら！

　ワイナリーでワインを買うのは、とっても楽しい経験。でも問題なのは、ナパの暑い日差し。盛夏に買ったワインをちょこっと車の中に置いておこうなんて、絶対にNG。ワインは21度以上の温度には、さらさないのが理想なのです。幸いな事にサンフランシスコは、ワインを買うならばベストの街。ワインカントリーのお膝元なので種類は豊富、年間を通して涼しいので保存も安心。ワインカントリーから日本への帰り道に、ちょっと立ち寄って買い物すれば、重いワインボトルを持ち歩かなくてすむので便利です。粒ぞろいの店が多いのですが、その中でもお気に入りをご紹介しますね。

The Wine Club
ザ・ワイン・クラブ

Add ： 953 Harrison St., San Francisco, CA (at 5th)
Phone ： (415) 512-9086
Hours ： Mon-Sat 9 am - 7 pm, Sun 11 am - 6pm
Web ： http://www.thewineclub.com/

　ユニオン・スクエアから歩いて15分程の距離にある、ザ・ワイン・クラブ。常に10種類以上のワインをとても安価に試飲できますし、店の外観にお金をかけていない分、販売価格はとてもリーズナブル。特に年代もののカリフォルニア・ワインを買うのには、もってこいのお店。気さくでワイン知識が豊富なスタッフに、どんどん質問しましょう。

K & L Wine Merchant
ケイ＆エル・ワイン・マーチャント

Add ： 638 4th St., San Francisco, CA (at Brannan)
Phone ： (415) 896-1734
Hours ： Mon-Fri 10 am - 7 pm,
　　　　 Sat 9 am - 6 pm, Sun 11 am - 6 pm
Web ： http://www.klwines.com/

やはりユニオン・スクエアから歩いて 15 分程の距離にある、K&L ワイン・マーチャント。スタッフはワインに造詣が深く、快くアドバイスしてくれます。カリフォルニア産の他に、フランス・ワインも充実。しばしばカルトワインも置いてありますので、お好きな方は要チェック。

D & M Liquors
ディー＆エム・リカーズ

Add ： 2200 Fillmore St., San Francisco, CA (at Sacramento)
Phone ： (415) 346-1325
Hours ： Mon-Thu 10 am - 9 pm, Fri-Sat 10 am - 10 pm,
　　　　 Sun 11 am - 8 pm
Web ： http://www.dandm.com/

D&M で注目してほしいのはアルマニャック、コニャック、カルヴァドスにスコッチといった面々。小さなお店なのに、その品揃えには驚きです。ジャパンタウンから歩いて 5 分。周辺のフィルモア通りにはお洒落なブティックも多いので、洋服とワイン、両方の買い物ができちゃいます。

Press Club
プレスクラブ

Add ： 20 Yerba Buena Lane, San Francisco, CA
Phone ： (415) 744-5000
Hours ： Mon - Thu 12 pm - 9 pm, Fri-Sat 12 pm - 10 pm
Web ： http://pressclubsf.com/

ワインカントリーに行きたいけれど、時間が無いー！という方に朗報。ユニオン・スクエアから徒歩 3 分の至近距離にあるプレスクラブでは、選抜された 8 つのワイナリーが軒を連ね、それぞれのカウンターで面白いワインを試飲できます。料金設定はちょっと高めで平均 $20。お勧めなのは一番奥のバーで提供されているサンプラー・フライト。また、ワインに良く合うタパス料理は午後のスナックにピッタリ。居心地のいい椅子に陣取って、ワインペアリングを心行くまで楽しんで下さい。

Valencia Street

せっかくサンフランシスコにきたなら、
是非おとずれて欲しい、とっておきストリート

ヴァレンシア・ストリート

　グッチやプラダを買うのなら、ユニオンスクエア。でも、ボヘミアンな雰囲気を楽しみたかったら、向かう先はヴァレンシア・ストリート。ヒップな人間を魅了するヴァレンシア界隈の美的感覚は、NY や LA とはまったく違ったユニークなもの。強いて表現するならば、グランジで、パンクで、地球に優しいグリーン・コンシャスで、テック・サヴィー。ちょっぴり J-Pop な雰囲気だってあります。

　ひとつ隣のミッション・ストリートは、ラテン系の色彩が濃いエリア。エキゾチックなお菓子や果物、そして信じられないくらい安い値段で素敵なウエディング・ドレスだって買えちゃいます。また 4 ブロックほど西にある、陽気でゲイなカストロ・ストリートにもおしゃれな店が目白押し。きっと面白いお土産が見つかるはずです。

·VALENCIA STREET·
ヴァレンシア・ストリート

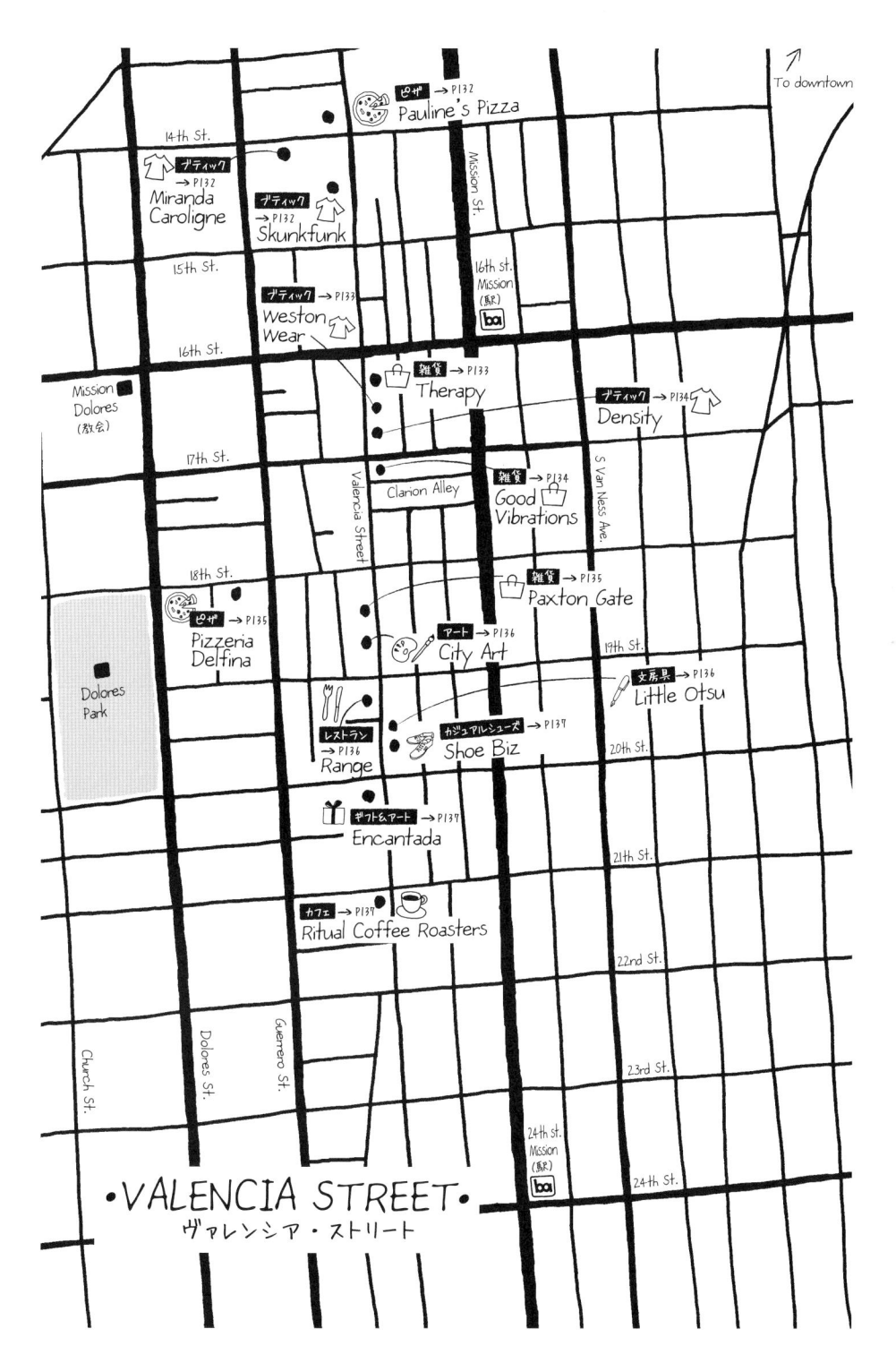

- ピザ →P132 **Pauline's Pizza**
- ブティック →P132 **Miranda Caroligne**
- ブティック →P132 **Skunkfunk**
- ブティック →P133 **Weston Wear**
- 雑貨 →P133 **Therapy**
- ブティック →P134 **Density**
- 雑貨 →P134 **Good Vibrations**
- 雑貨 →P135 **Paxton Gate**
- ピザ →P135 **Pizzeria Delfina**
- アート →P136 **City Art**
- 文房具 →P136 **Little Otsu**
- レストラン →P136 **Range**
- カジュアルシューズ →P137 **Shoe Biz**
- ギフト&アート →P137 **Encantada**
- カフェ →P137 **Ritual Coffee Roasters**

14th St.
15th St.
16th St.
16th st. Mission (駅)
Mission Dolores (教会)
17th St.
Clarion Alley
Valencia Street
Mission St.
S Van Ness Ave.
18th St.
Dolores Park
19th St.
20th St.
21st St.
22nd St.
23rd St.
24th st. Mission (駅)
24th St.
Church St.
Dolores St.
Guerrero St.
To downtown

Pauline's Pizza
ポーリーン・ピッツァ （ピザ）

Add ： 260 Valencia St., San Francisco, CA
Phone ： (415) 552-2050
Hours ： Tue-Sat 5 pm - 10 pm
Web ： http://www.paulinespizza.com/

　生地は毎朝手作り、トッピングは自家農園で採れた新鮮オーガニック野菜に、特別なハムやサラミ。人気のピザ屋さんです。Chef's Nightly Pizza Specials は特にお勧め。

Miranda Caroligne
ミランダ・キャロライン （ブティック）

Add ： 485 14th St., San Francisco, CA
Phone ： (415) 355-1900
Hours ： Thu - Sun 1 pm - 7 pm
Web ： http://www.mirandacaroligne.com/

　古着を利用してまったく新しいドレスを創り上げてしまう、リフォームの魔術師ミランダのショップ。店内のカラフルな洋服の他にも、希望者にはオリジナルを創ってくれます。手作りなのに値段は驚くほどリーズナブル。

Skunkfunk
スカンク・ファンク （ブティック）

Add ： 302 Valencia St., San Francisco, CA
Phone ： (415) 829-3298
Hours ： Mon-Thu 11 am - 9 pm , Fri 11 am - 10 pm
　　　　Sat 10 am - 10 pm , Sun 10 am - 9 pm
Web ： http://www.skunkfunk.com/

　スペインのデザイナー・ブランドを扱っているショップ。テーマカラーは緑。落ち着いたシックな服から、色鮮やかなバッグまで素敵な商品が目白押しです。

Therapy
セラピー （雑貨）

Add ： 545 Valencia St., San Francisco, CA
Phone ： (415) 865-0981
Hours ： Sun-Thu : 12 pm - 9:30 pm, Fri-Sat : 11 am - 10:30 pm
Web ： http://www.shopattherapy.com/

　「かわいい」がいっぱいに詰まったお店。カラフルな小物から、バッグ、洋服が所狭しと、並んでいます。すぐ横にはお洒落なインテリアを扱う、姉妹店が隣接しています。

Weston Wear
ウェストン・ウェア （ブティック）

Add ： 569 Valencia St., San Francisco, CA
Phone ： (415) 621-1480
Hours ： Sun- Mon 12 pm - 6 pm, Tue-Fri 12 am - 7 pm,
　　　　Sat 11 am - 7 pm
Web ： http://www.westonwear.com/

　広々と落ち着いた店内には、ちょっとお洒落して出かけたい時にピッタリのドレスが勢ぞろい。小物やアクセサリーは華やかでゴージャスです。

Density
デンシティ （ブティック）

Add ： 593 Valencia St., San Francisco, CA
Phone ： (415) 552-2249
Hours ： Everyday 12 pm - 7 pm
Web ： http://www.densitydept.com/

　小さなブティックに並ぶのは、WESC, SupremeBeing, RVCA, Upper Playground といったブランド。メンズ・セクションも充実しています。

Good Vibrations
グッド・バイブレーション （雑貨）

Add ： 603 Valencia St., San Francisco, CA
Phone ： (415) 522-5460
Hours ： Sun-Thu 11 am - 8 pm,
　　　　 Fri-Sat 11 am - 9 pm
Web ： http://www.goodvibes.com

　一風変わっているのは、女性のための大人のおもちゃ店。明るい雰囲気は普通の雑貨店みたい。オープンマインドでリベラル最先端を行く SF ならではのショップ。人々の意識改革に大きく貢献しています。

Clarion Alley
クラリオン・アレイ

Add ： グッド・バイブレーションの右隣の小道

　通り一面に描かれたアートで有名なのはミッションの Balmy Street。こちらはその縮小版。まだ最近登場したばかりですが、なかなかの力作ぞろい。通り掛かりに覗いてみて。

Pizzeria Delfina

ピッツェリア・デルフィーナ （ピザ）

Add ： 3611 18th St., San Francisco, CA
Phone ： (415) 437-6800
Hours ： Mon 5:30 pm - 10 pm, Tue-Thu 11:30 am - 10 pm,
　　　　　Fri 11:30 am - 11 pm, Sat 12 pm - 11 pm, Sun 12 pm - 10 pm
Web ： http://www.pizzeriadelfina.com/

　老舗のレストラン DELFINA は、なかなか予約が取れない人気のイタリアン。そのすぐ隣にピザの店、Pizzeria Delfina が出ていて、こちらも人気。薄い生地のおしゃれなピザです。

Paxton Gate

パクストン・ゲイト （雑貨）

Add ： 824 Valencia St., San Francisco, CA
Phone ： (415) 824-1872
Hours ： Mon-Fri 12 pm - 7 pm, Sat-Sun 11 am - 7 pm
Web ： http://www.paxtongate.com/

　ライオンの剥製、狐の歯、アンモナイトの化石…。へんてこりんなグッズを扱っている、摩訶不思議なお店。怖いもの見たさで、週末ともなると大賑わいです。

City Art
シティ・アート （アート）

Add ： 828 Valencia St., San Francisco, CA
Phone ： (415) 970-9900
Hours ： Wed-Sun 12 pm - 9 pm
Web ： http://www.cityartgallery.org/

　地元の芸術家 200 人以上をメンバーに抱えるシティ・アート。常に様々な展示が行われているので、ふらっと立ち寄って作品を眺めるのも一興。作品を気に入ったらその場で購入出来ます。

Range
レンジ （レストラン）

Add ： 842 Valencia St., San Francisco, CA
Phone ： (415) 282-8283
Hours ： Sun-Thu 5:30 pm - 10 pm,
　　　　　Fri-Sat 5:30 pm - 11 pm
Web ： http://www.rangesf.com/

　私達が大好きな、飾らない、でもミシュランで二つ星のレストラン、レンジ。季節によって登場するコーヒー風味のポーク料理は絶品です。

Little Otsu
リトル・オツ （文房具）

Add ： 849 Valencia St., San Francisco, CA
Phone ： (415) 255-7900
Hours ： Everyday 11:30 am - 7:30 pm
Web ： http://www.littleotsu.com/

　可愛くってアートな日記帳、カレンダー、絵本、ノート、便箋、小物がいっぱいに並ぶ店、乙（オツ）。オーナーがお父さんの日英辞書で見つけて気に入ったので、店名にしたんですって。微笑ましいですね。

Shoe Biz
シュー・ビズ （カジュアルシューズ）

Add ： 877 Valencia St., San Francisco, CA
Phone ： (415) 550-8655
Hours ： Mon-sat 12 pm - 7 pm, Sun 12 pm - 6 pm
Web ： http://www.shoebizsf.com/

　カジュアル＆レアな靴が好きだったら、要チェックなのがここ。HPが充実しているので、あらかじめ限定商品に目を通しておくのもいいかも。

Encantada
エンカンターダ （ギフト＆アート）

Add ： 908 Valencia St., San Francisco, CA
Phone ： (415) 642-3939
Hours ： Sun-Thu 12 pm - 6 pm, Fri-Sat 12 pm - 8 pm
Web ： ----

　一歩足を踏み入れると、まるで中南米にワープしたみたいな雰囲気。主にメキシコからのギフトや、アートを扱っています。カラフルな店内は異国情緒たっぷり。

Ritual Coffee Roasters
リチュアル・コーヒー・ロースターズ （カフェ）

Add ： 1026 Valencia St., San Francisco, CA
Phone ： (415) 641-1024
Hours ： Mon-Fri 6am-10 pm,
　　　　　Sat 7 am - 10 pm, Sun 7 am - 9 pm
Web ： http://www.ritualroasters.com/

　コーヒー通のボヘミアンがたむろしているのは、リチュアル。人気店なので常に長蛇の列。念入りに煎じているので時間がかかるのですが、味は抜群。美味しくいれたコーヒーだけが持つ、まろやかさが味わえます。

ブレイクがそっと教える
ワインライターの日常
ワインの行方 編

　実を言うと、多分皆が1年間に飲むぐらいの量のワインが、我家の台所の流しに、わずか1月で露と消えている。ひどい話だと思う？必要なんだよ、これ。例えばテイスティングの為に、1日に20本を開けたとする。味が変わってしまう前に、2、3日で飲み切るなんてできないだろ？なので、大概の場合、2、3本好みのボトルを夕食用にとっておいて、他は流し行きとなる。

　ワインを書き始めたばかりの頃は、これってとっても無駄な事だと思ったよ。中にはひどい味もあるけれど、殆どは、まぁそんなに悪くない内容。そこで、残ったワインをご近所に分けることにしたんだ。殆ど手の付いていないワインボトルを、アパートメントの管理人や、通り向かいの修理人、お気に入りの朝ご飯食堂のウェイトレス達に配り歩いた所、自然、僕は人気者。暖房が壊れれば、すぐ直してもらえるし、オムレツに果物のおまけが付いてきたりね。でも、すぐに問題が出てきた。ワイン・エキスパートが育つのに、そう長い時間はかからない。中クラスのカベルネを受け取って喜んでいた管理人は、ある日「先日のワイン、オーク味が強すぎたんだよね。もうちょっとバランスが良いのある？」とか、修理人は「夕食はニジマスなんだけど、もっと合う味のワインは無いの？」とか、ウェイトレスは「テロワールが実感できるワインがないかしら？」とか言い出す始末。

　最近、流しに消えていくワインの量がまた増えた。評論家が育つのに、時間はかからないってね。

ヴァレンシア・ストリートへの行き方

　ダウンタウンから、Bart で 16thStreet 駅下車。Muni バスならば、#14 がミッション・ストリート沿いを走っています。

耳寄り情報♪

　歴史や街並に興味があって、歩くのが好きな方にお勧めなのが、NPO 主催の無料散策ツアー Free Walking Tours of San Francisco。地元をよく知るボランティア有志が、地域にまつわる歴史や建物を紹介しています。ツアーは大体 1 時間ぐらいで、予約の必要は無し。参加希望者は、掲示された時間に集合場所に行くだけで OK。料金は無料、ツアーの終わりにボランティアのガイドさんにチップをいくらか進呈するけれど、まったくの自由意志。英語が上手でなくても充分楽しめますし、一人でも気軽に参加できるツアーです。散歩代わりにどうぞ。

http://www.sfcityguides.org/index.html

Conclusion
おわりに

　ワインと本格的な恋に落ちたのは、ボルドーからパリに向かうTGVの中。出張帰りに南フランスのカンヌで、当時BFだったブレイクと待ち合わせ、レンタカーをぶっ飛ばしてボルドーめぐりをした、その最終日のことでした。電車の中で楽しんだのは、メドックで手に入れたラ・トゥールとバゲットにプロシュートという、実にシンプルなランチ。

　窓の外に広がるフランスの大地。焼きたてのバゲットに、おいしいプロシュート。目の前には恋する男性。シチュエーションがよかったのでしょうか？あの時飲んだワインは、いまだかつて最高の美味として記憶に残っています。

　時は移り、現在、私たちはサンフランシスコに居を構え、ワインカントリーに足しげく通っては、どっぷりとカリフォルニア・ワイン三昧の生活を送っています。私のワインの師匠は、夫のブレイク。ワイン・ライターとして、これまでに数々の記事を世に送り出してきました。そんな彼の傍らで、私もいつの間にやら、ワイン大好き人間になっていたのでした。

　皆様に美味しいカリフォルニア・ワインに出会っていただくために、地元ならではのとっておき情報を一生懸命に集めてみました。この本をあなたの旅のパートナーにしていただけたら、とっても光栄です。

　本の制作にあたって、優しく、そして忍耐強くご指導下さった、チャーミングな編集の松本貴子さんに、心より深く感謝しております。

　この本を手に取ってくださったワイン好きの皆様に大感謝です。　石川真美

Life is too short to drink bad wine!　　　Blake

As wine writer/editor for the San Francisco Chronicle newspaper until 2007, W. Blake Gray evaluated more than 2000 wines per year. He has been a judge for wine, spirits, cocktail and sake competitions. In 2000, he created the first interactive online guide to Napa Valley. Subsequently, he was Vice President of a San Francisco-based wine negociant company. Blake is also Chairman of the Nominating Committee of the Vintners' Hall of Fame. From 1991 to 1998 he lived in Tokyo, where he discovered great sake and met Mami. "I love both, but Mami never gives me a hangover," he says.

W. Blake Gray（W. ブレイク・グレイ）

サンフランシスコ・クロニクル紙のワイン記者・編集として、2007年まで年間200種類以上のワインを評価。2000年には、ナパ・ヴァレーを紹介する初のインタラクティブ・オンライン・ガイドを立ち上げている。サンフランシスコに拠点を置くワイン・ネゴシアンのCEO副社長として活躍。現在は、ワイン、蒸留酒、カクテル等、数々のコンテストの審査員、またワインの殿堂（Vintners' Hall of Fame）の選考会委員長を務めている。1991年から98年まで東京に在住し、美味しい日本酒と真美に出会う。

石川真美

北京大学を卒業後、テレビ東京でアナウンサー、報道局国際部記者を務める。2002年にブレイクとの結婚を機会に、サンフランシスコに移住。現在はアメリカの日本酒業界に身を置く。山梨県生まれの、旅行、ダイビング大好き人間。ブログ「サンフランシスコ・ワイン日記」でサンフランシスコ生活とワイン徒然を更新中。
http://sfwine.exblog.jp/　メールアドレス：sfwinediary@gmail.com

旅先で気をつけたいこと　　（真美：記）

天候
　ベイエリアは朝夕涼しくなるので、重ね着が基本。昼間はTシャツ一枚でOKでも、夜は気温がぐっと下がるのでジャケットは必須です。雨季は冬、特に2月頃に雨が続きます。それ以外は晴れが多く、空気も感想気味です。ベストシーズンは9月と10月。

保険
　ワインカントリーはもとより、サンフランシスコもアメリカの都市としては平和な場所。しかしながら旅行保険には必ず入っておきましょう。ちょっと怪我して病院に行こうものならば、とんでもない額の請求書が後を追ってきます。転ばぬ先の杖です。

犯罪
　ワインカントリーは安全なので、女性の一人旅も安心。一方でサンフランシスコは車上荒らしが多いので、絶対に車中に荷物を置かないように気をつけて。昼間でもガラスを割られて盗まれてしまいます。

コンビニ
　コンビニは無いのですが、Walgreensという店が点在しています。日常品、文房具、スナック菓子等、ちょっとしたものならたいてい置いてあるし、遅くまで開いてます。

Aroma Card

付録：お役立ちアロマカード

味だけでなく、香りもワインの楽しみの一つ。アロカマードは、香りを表現する時に役立つキーワードがいっぱい。切り取って、財布に忍ばせておくと便利です。

使い方：
1. アロマカードをシートから切り出す
2. 半分に折る
3. 点線に沿って折る

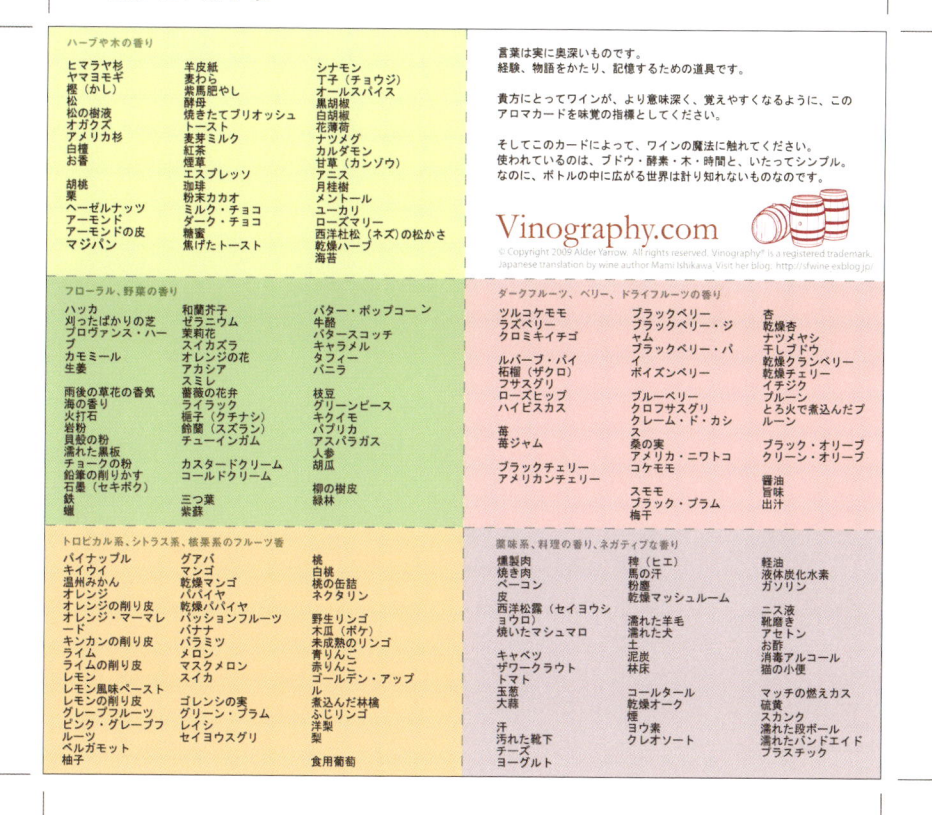

ハーブや木の香り

ヒマラヤ杉	羊皮紙	シナモン
ヤマヨモギ	麦わら	丁子（チョウジ）
樫（かし）	紫馬肥やし	オールスパイス
松	酵母	黒胡椒
松の樹液	焼きたてブリオッシュ	白胡椒
オガクズ	トースト	花薄荷
アメリカ杉	芽茶ミルク	ナツメグ
白檀	紅茶	カルダモン
お香	煙草	甘草（カンゾウ）
胡桑	エスプレッソ	アニス
栗	珈琲	月桂樹
ヘーゼルナッツ	粉末カカオ	メントール
アーモンド	ミルク・チョコ	ユーカリ
アーモンドの皮	ダーク・チョコ	ローズマリー
マジパン	糖蜜	西洋杜松（ネズ）の松かさ
	焦げたトースト	乾燥ハーブ
		海苔

フローラル、野菜の香り

ハッカ	和蘭芥子	バター・ポップコーン
刈りたばかりの芝	ゼラニウム	牛酪
プロヴァンス・ハーブ	茉莉花	バタースコッチ
カモミール	スイカズラ	キャラメル
生姜	オレンジの花	タフィー
	アカシア	バニラ
	スミレ	
雨後の草花の香気	薔薇の花弁	枝豆
海の香り	ライラック	グリーンピース
火打石	梔子（クチナシ）	キクイモ
岩粉	鈴蘭（スズラン）	パプリカ
貝殻の粉	チューインガム	アスパラガス
濡れた黒板		人参
チョークの粉	カスタードクリーム	胡瓜
鉛筆の削りかす	コールドクリーム	柳の樹皮
石墨（セキボク）	三つ葉	緑林
鉄鍋	紫蘇	

トロピカル系、シトラス系、核果系のフルーツ香

パイナップル	グアバ	桃
キイウィ	マンゴ	白桃
温州みかん	乾燥マンゴ	桃の缶詰
オレンジ	パパイヤ	ネクタリン
オレンジの削り皮	乾燥パパイヤ	
オレンジ・マーマレード	パッションフルーツ	野生リンゴ
	バナナ	木瓜（ボケ）
キンカンの削り皮	バラミツ	未成熟のリンゴ
ライム	メロン	青りんご
ライムの削り皮	マスクメロン	赤りんご
レモン	スイカ	ゴールデン・アップル
レモンの削り皮	ゴレンシの実	煮込んだ林檎
レモン風味ペースト	グリーン・プラム	ふじリンゴ
グレープフルーツ	レイシ	洋梨
ピンク・グレープフルーツ	セイヨウスグリ	梨
ルーツ		食用葡萄
ベルガモット		
柚子		

ダークフルーツ、ベリー、ドライフルーツの香り

ツルコケモモ	ブラックベリー	杏
ラズベリー	ブラックベリー・ジャム	乾燥杏
クロミキイチゴ	ブラックベリー・パイ	ヤツメヤシ
		干しブドウ
ルバーブ・パイ	ボイズンベリー	乾燥クランベリー
柘榴（ザクロ）		乾燥チェリー
フサスグリ		イチジク
ローズヒップ	ブルーベリー	
ハイビスカス	クロフサスグリ	とろ火で煮込んだプルーン
	クレーム・ド・カシス	
苺		
苺ジャム	桑の実	ブラック・オリーブ
	アメリカ・ニワトコ	グリーン・オリーブ
ブラックチェリー	コケモモ	
アメリカンチェリー		醤油
	スモモ	旨味
	ブラック・プラム	出汁
	梅干	

薬味系、料理の香り、ネガティブな香り

燻製肉	稗（ヒエ）	軽油
焼き肉	馬の汗	液体炭化水素
ベーコン	粉塵	ガソリン
西洋松露（セイヨウショウロ）	乾燥マッシュルーム	
焼いたマシュマロ	濡れた羊毛	ニス液
	濡れた犬	靴磨き
キャベツ	土	アセトン
ザワークラウト	泥炭	消毒アルコール
トマト	林床	猫の小便
玉葱		
大蒜	コールタール	マッチの燃えカス
	乾燥オーク	硫黄
汗	煙	スカンク
汚れた靴下	ヨウ素	濡れた段ボール
チーズ	クレオソート	濡れたバンドエイド
ヨーグルト		プラスチック

言葉は実に奥深いものです。
経験、物語をかたり、記憶するための道具です。

貴方にとってワインが、より意味深く、覚えやすくなるように、このアロマカードを味覚の指標としてください。

そしてこのカードによって、ワインの魔法に触れてください。
使われているのは、ブドウ・酵素・木・時間と、いたってシンプル。
なのに、ボトルの中に広がる世界は計り知れないものなのです。

Vinography.com

© Copyright 2009 Alder Yarrow. All rights reserved. Vinography® is a registered trademark.
Japanese translation by wine author Mami Ishikawa. Visit her blog: http://fwine.exblog.jp/

私のとっておき 22
カリフォルニア・ワイントピア ～極上ワイナリーへの旅～

2009年8月10日 第1刷発行

著者	W. ブレイク・グレイ（W. Blake Gray）
	石川真美
ブックデザイン	根岸法香
地図作成	畑地宏美（産業編集センター）
写真提供	カリフォルニア州観光局 Robert Holmes（P050,P068,P092）
発行	株式会社産業編集センター
	〒113-0021 東京都文京区本駒込 2-28-8
	文京グリーンコート 17階
	TEL 03-5395-6133 FAX 03-5395-5320
印刷・製本	大日本印刷株式会社

©2009 W. Blake Gray / Mami Ishikawa
Printed in Japan ISBN978-4-86311-031-1 C0026

本書掲載の写真・文章・イラスト・地図を無断で転記することを禁じます。
乱丁・落丁本はお取り替えいたします。